生命科学的思考

ビジネスと人生の「見え方」が一変する

生命科学研究者
ジーンクエスト代表取締役
高橋祥子

NEWS PICKS
PUBLISHING

——すべての生物は、
遺伝子を運ぶための
生存機械だ——

（リチャード・ドーキンス『利己的な遺伝子』）

The Selfish Gene

はじめに：生命の原則に抗って生きるために

１９７６年に出版された『利己的な遺伝子』の中で、リチャード・ドーキンス氏は「すべての生物は、遺伝子を運ぶための生存機械だ」と記しました。なぜ世の中から争いはなくならないのか、なぜ男は浮気をするのかといった人間の行動に対する疑問を、自らのコピーを増やそうとする「遺伝子の利己性」という観点からすべて解説し、世界中に大きな衝撃を与えました。つまるところすべての行動は利己的な性質を持つ遺伝子を運ぶための手段に過ぎないという見方です。

一方で彼は、「我々人間には遺伝子に反逆する力がある」と、我々が遺伝子の生存機械としての存在を超えうる可能性についても仄めかしています。

『利己的な遺伝子』が発表されてから40年以上が経ち、生物学には多くの進歩がありました。ヒトゲノム計画によってヒトのゲノム（全遺伝情報）は解読され、また多様な遺伝子の機能や生命の仕組みも解明され生命科学は発展しました。研究が進んだことで、生物が持つさまざまな機能の意味や解釈も進みました。

同時に、生命科学の視点は、研究だけではなく日常のさまざまな場面で活用できます。世間の出来事やニュースに目を向けてみると、たとえば政治家の汚職事件もTwitter上での際限ない論争なども、個人の人間関係の問題や組織経営で起こる課題もほぼすべては生命の原理原則に基づいて説明、解釈が可能です。しかし、すべての問題に密接に関わるはずの生命の原則を踏まえずに、上辺の議論だけが先行している場面は多いものです。

そもそも我々ヒトは生命であるため、ヒトが起こす行動やその行動によって発生する問題を理解するためには、生命の仕組みを知って活かすことが助けとなります。たとえば、感情のままに行動してしまうことや、欲望をコントロールできないことによって多くの問題が生まれ、個人、ときには組織的な争いにも発展していきますが、これらの場面においても、なぜ生物にはそのような感情や欲望が備わっているのかを知ることで行動を変えることができます。

人間が生命として持つ性質はさまざまな課題を生み出しますが、ドーキンス氏も言及したように、生命の原理原則を理解した上で、この世界の困難に立ち向かうことができるのも人類の特徴です。生命の原則を理解すれば、人類は単純に生物的な本能に支配されるよりもずっといい未来に進むことができると私は信じています。本書は、その考え方をみなさんと共有するために執筆しました。

私はこれまで、ゲノムや生命の仕組みについて研究する生命科学の「研究者」としての視点と、遺伝子解析サービスを提供するスタートアップ企業の「起業家・経営者」としての視点の両方で、ヒトや社会の課題と向き合ってきました。

東京大学の大学院在籍中に「ジーンクエスト」という会社を創業し、遺伝子の情報を調べてユーザーへフィードバックするサービス、またさまざまな研究機関と連携しながら遺伝子の機能を解明する研究を事業にしています。

会社を立ち上げる中で、私は多くの起業家と同じようにさまざまな困難を経験しました。自分の事業で成し遂げたいことが社会にうまく伝わらず批判されて思うように進めることができなかったり、組織面ではチームメンバーとの意思疎通がうまくいかなかったりなど、人と人、人と社会の間で葛藤し、いわゆる「人間らしい」出来事や悩みに多く直面しました。

これらの課題もまた、すべて生命に共通する原則をもとに説明できます。個人の抱える不安や怒りなど負の感情の多くは、「自身の生存が脅かされているのではないか」という生物的な危機意識に起因していると言い換えることができます。そして、チームや人間関係などで生じる悩みは、集団生活を送ることで生存可能性を高めてきたヒトの遺伝子が、どのような人間関係を形成する機能を備えているのかという観点から説明できます。悩みや葛藤は、個体や集団の生存可能性を高めるという生命原則から捉えるとシンプルに理解できるのです。

私は自然と、自分のもう一つの顔である生命科学の研究者としての視点を起業家としての視点と融合させ、マクロに物事を捉えるようになりました。

生命科学の研究者としての私は、主に遺伝子の機能を調べることで生命の仕組みを解明しようとしています。

研究すればするほどさまざまな謎が解けるだけではなく、むしろ実際には謎が一つ解けるとまた謎が深まるようで、生命の仕組みはとても面白く、実に奥深いものです。日本人が二人に一人という高い割合でがんを発症するのはどうしてなのか、なぜ人類の出産は危険で非効率な仕組みなのか、なぜ人類は個々がまったく異なる特有の遺伝子情報を持ちこんなにも多様なのか、多様性とは何か、病気とは何か、なぜ生命は老いるのか……中には完全に解明されていない謎も存在します。しかし、その背景には「個体として生き残り、種が繁栄するために行動する」という共通する生命原則が存在します。

研究者としての視点から生命の仕組みについて考えていくうちに、意外なことに、生命原則と、人生や経営には共通の仕組みが多いと感じるようになりました。そもそも博士号を意味する「Ph.D.」はDoctor of Philosophy（哲学博士）が語源となっており、論理学、自然物理学、生物学、倫理学、政治学など広い意味を含む哲学を意味することから、研究者には、「世の中のことを考える人」という意味があります。

私は、生命科学の研究者、そして経営者という二面的な経験から、生命の原理原則を知り応用すれば、ミクロな視点では個人の生き方のヒントの発見、もう少し大きい視点では組織運営における円滑なコミュニケーションや会社経営、さらにマクロな視点に立つと人類全体の課題解決に役立つと実感しています。

「生命の原理や原則を知る」と言うと「遺伝子に刻まれた運命に従うしかない」や「生物的な本能に支配されたまま生きる」など、行動すべてが遺伝子によって操られていて自由意志が存在する余地がないかのように誤解されるかもしれませんが、そうではありません。

私が本書を通じて伝えたいのは、「生命の原理や原則を客観的に理解した上で、それに抗うために主観的な意志を活かして行動できる」ということです。生命原則を客観的に理解し、視野を自在に切り替えて思考することで主観を見いだし行動に移せば、自然の理に立脚しながらも希望に満ちた自由な生き方が可能となります。

「視野を自在に切り替えて思考する」と書きましたが、そもそも思考というのは、生物学的には多くのエネルギーを消費する行為です。したがって、思考しなくてもよい環境であれば生物は極力思考をしないことを無意識に選択します。「思考停止は良くない」と言われますが、思考停止はエネルギー効率を高める行為であり、生物として安易に責めることはできません。私たちが思考するためには、エネルギー効率を高めようとする生命の原則に意識的に抗う必要があります。これには大変な努力や覚悟が求められ、効率はよくありません。しかし、遺伝子に抗って思考するという非効率的な行為こそが、人類にとって唯一の希望であると、私は考えています。人類はより多くの知恵を得て、飢餓や疫病から自らを守り、今や生命や宇宙の新たな可能性にも切り込んでいます。生命原則を受容した上で、主体的に思考して学習し前に進み続けることで、次々と現れる課題を解決できるはずです。

ただし、一つの課題が解決できても、また別の新しい課題は生まれるため、課題のない世界は存在しません。そう考えると、そもそも課題解決に何の意味があるのか、と絶望する人もいるかもしれません。

そのような世界の中で絶望しないためにはどうすればいいか。それは、課題を解決し続ける状態を維持することです。次々に現れる課題に諦めず、思考して行動することで、人類は常に前進することができます。思考することは面倒だし、エネルギーも消費します。しかし、テクノロジーが発展して常に変容する世界において、思考し、行動し続けることこそ、人類の一つの希望です。そして、人類全体にとってだけでなく個人の人生にとっても、生物的な感情に無意識に流されることなく知性を発揮することで、一度きりの命を燃やして未来に描いた夢を実現していくことは有意義なことだと信じています。

そのために必要な生命原則を理解する方法、そして「生命原則を客観的に理解した上で主観を活かす思考法」を本書では書いていきます。

まず第1章では、そもそも生命原則とは何か、についてお伝えします。私たちの日々の活動や起こる事柄を生命原則に則って理解することから始めます。

第2章は、本書の中心となる主張です。第1章で説明した生命原則に無意識に流されるのではなく、それに主体的に抗う新たな視点を提示していきます。

第3章では、第2章の考え方をもとに個人の人生に関すること、第4章では組織や経営に関すること、第5章では未来の社会のことについて、それぞれ考えていきます。本書を読み終えたときに、読者のみなさんがこれまでとは違う視野で世界を見渡し、主観的な意志を活かして行動できるようになっていることを、私は望んでいます。

高橋祥子

Contents

第1章

生命に共通する原則とは何か

｜客観的に捉える｜

第2章

生命原則に抗い、自由に生きる

主観を活かす

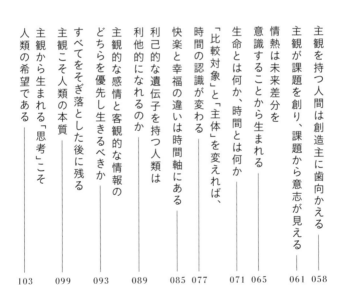

第3章

一度きりの人生をどう生きるか

｜個人への応用｜

第4章

予測不能な未来へ向け 組織を存続させるには

経営・ビジネスへの応用

第5章

生命としての人類はどう未来を生きるのか

第1章

生命に共通する原則とは何か

―客観的に捉える―

本章では、「生命原則を客観的に理解した上で主観を活かす思考法」の前半部分について扱います。私たちが日々生命活動を行う中で遭遇する「一見、生物として非効率、不自由に見えるもの」がなぜ存在するのかを、その背景にある根本的な生物の仕組みから理解しようというものです。

第2章以降では、第1章で扱う生命原則を理解した上で新たな視点を提示していきますが、まず本章においては、私たちの日々の活動や起こる事柄が生命原則とどう繋がっているのかを共有することから始めます。

さて、すべての生命活動の根本に存在する生命原則を理解するためには、まずは生物として非効率に見えるものに注目することが手がかりとなります。生命の機能は、できる限り個体の生存や繁栄に有利になるように不要なものをそぎ落とし最適化する方向に進化しています。そのため、一見非効率に思えるにもかかわらずわざわざ生命の仕組みとして保持しているということは、生命にとって必要なものとして機能していると考えられるからです。

なぜ、私たちはいつかは死ななくてはならないのか

なぜ人間は悲しみや苦しみなどのネガティブにも思える感情を抱えて生きるのか、なぜ世の中に争いが絶えないのか、なぜ政治家の汚職事件が絶えないのか。私たちの世界は、非効率に見えるもので溢れています。

これらを考えるにあたっては、まずすべてに関係する生命原則の存在を認識する必要があります。

基本的にすべての生命活動には「個体として生き残り、種が繁栄するために行動する」という共通の原則が関係しています。たとえば食欲や睡眠欲は個体として生き残るため、性欲は種として繁栄していくのに必要不可欠なものです。そのため、その仕組みがあること自体を否定した行動を起こしても意味がなく、不具合が生じるだけです。日常生活を送る上で、食欲や睡眠欲をコントロールしたい場合も、その根源的な欲求を否定するのではなく、性質を理解した上でうまく付き合っていく必要があります。

生命原則を理解する上でまず知っておきたいのは、生命はとても非効率な存在のように見える、ということです。

以前、グループワークで「自由とは何か」について議論をしたときに「不自由だと感じること」の具体例を参加者に挙げてもらいました。そのときは経済的不自由、時間的な不自由など、さまざまな例が挙がりましたが、もっとも多かったのは生理的な欲求に関するものでした。なぜ好きなものだけを食べて健康に生きていけないのか、眠らずに過ごせる身体になることはできないのか。中でもヒトの遺伝子を解析する仕事をしているとよく受けるのが、「不死身の身体は実現できないのですか」という質問です。現代に限らず、不死は昔から人類の憧れです。昔から比較すると人類は寿命を延ばすことには成功していますが、不死は実現していません。

そもそも生命にはなぜ「死」という現象が存在するのでしょうか。苦労して作り出した命をわざわざ壊すという非効率で非合理的な「死」という現象はなぜ存在するのでしょうか。

その問いに答える前に、不死の定義を考えてみましょう。たとえば、ＳＦ漫画『銀河鉄道999』（作・松本零士）では、魂を機械に移植した「機械化人」が登場します。肉体がなくなっても意識は機械の中で存在し続け、死の恐怖を克服した存在として機械化人は描かれます。

しかし、機械化人がもし実現できたとしても、それが生命にとっての不死に当てはまるとは私は考えていません。

機械化人は、人間の肉体から意識を切り離し、機械に移植したものです。しかし、体が機械になった状態で、以前と同じ意識や感覚のまま生身の肉体のときと連続性を持って物事を考えられるとは思えません。身体の感覚が意識に与えている影響はとても大きいと考えられているからです。特に脳の可塑性が高い時期には、身体性が脳の発達に重要な役割を担っていることが知られています。身体が環境と相互作用する過程で得られる触覚刺激などの情報が脳を形成しているため、その個体が持つ身体に基づいて、知性は生み出されます。

たとえば夏目漱石の意識をロボットに移すことができたとして、皮膚で感じる夜風の温かさ、耳で感じる静けさ、鼻で感じる匂い……こうした身体的な感覚が急激に変化したとすれば、I love youを「月が綺麗ですね」と訳したでしょうか。以前の身体を持っていたときと同じ意識や思考を維持できる保証はありません。

もちろん不死は、宗教的な観点や哲学的な観点、物理学的な観点などからさまざまな定義を与えることができるとは思いますが、生物学的な観点から見れば「同じDNA配列を持つ身体を連続性を持って維持すること」が不死の定義となります。

つまり、生物（遺伝子）の観点から不死を「連続性を維持すること」と定義するのであれば、機械化人では、機械もしくは別の生命体に意識を移植した時点で遺伝子の連続性がなくなるのでそれは生物個体としては死であり、新たな個体として生きるということになります。また、たとえ意識を新たな個体に移植できるとしても、身体性に由来する刺激情報と脳が関係していることを考えると、身体が異なるということは新たな別の個体と捉えられます。

死は「連続性の喪失」、裏を返せば死を新しく生が入れ替わっていくことと捉えて「非連続性の創出」とも表現できます。新しい「生」だけでなく「死」という仕組みもセットで持つことは、生命の非連続性を強制的に創出する手段として機能します。

ここで次の疑問が生まれます。なぜ「死」という非連続性の創出が必要なのでしょうか。それは、生命が生きる環境が変化するからです。生命原則は、個体を取り巻く外界の環境が常に変化するものであることを前提に作られています。

たとえば、地球の気温が現在のように温暖なのはたったここ1万年くらいの話で、それ以前は、氷河期時代のように気温が低いときもあれば、さまざまな要因で今以上に気温が高かったときもありました。環境の変化のスピードは大きく、一つひとつの個体が連続性を持ったまま適応するには限界があります。そこで、新しい生命を常に作り続け、来たるべき環境の変化に備えようとするのです。特に人類のような有性生殖を行う生命は、子どもを作るときに遺伝子の一部を変えることで、親とは異なる遺伝子のセット（ゲノム）を持つようになります。

そして、新しい生命が活動するためには、古い生命は入れ替わっていく必要があります。それが「死」です。私たちの肌でも、常に新しい細胞が皮膚の奥深くで作られていますが、表面にある古い細胞が剥がれ落ちることで、古いものが新しいものに置き換わるようになっています。その仕組みは、細胞レベルでも生命全体のレベルでも共通しています。

個体の死は、このようにマクロに見れば生命原則に基づく生命活動の一部です。ときには一生懸命に変化し、壊すのも、生命が持つ大事な仕組みです。

なぜ私たちは、非効率な「感情」を抱えて生きるのか

死とともに不自由なものとしてよく挙げられるのが、感情です。

「感情」は人間関係を築く上でも必要不可欠なものですが、感情が原因でトラブルが起こってしまうこともよく見かけます。自分はストレスや不安を感じやすい、あるいは感情をコントロールできずついつい他人に強く当たってしまう、という人もいると思います。何かのタイミングで孤独を強く感じてしまいがちな人もいます。ストレスや孤独を感じることなく、みんな穏やかに過ごすことができればどれほどいいことかと思われるかもしれません。

しかし残念ながら、現実にはこうした感情とうまく付き合っていくしかありません。なぜなら、生命にとってそれぞれの感情を持つ意味が存在し、遺伝子に組み込ま

れているからです。

たとえば、ストレスや不安については、ジーンクエストが提供する遺伝子解析サービスの解析項目の一つにも含まれています。ヨーロッパで行われた研究で、BDNFという遺伝子の個人差とストレスが不安と関連するという報告があります[1]。また、RBFOX1という遺伝子は、怒りや攻撃的行動と関係するという仮説がありま す[2]。孤独の感じやすさに関係する遺伝子も明らかになりつつあります。

なぜ、こうした感情が遺伝子と結びついているのでしょうか。それは、感情を持つことが、生命としての生存戦略上有利だと考えられているからです。

1973年にノーベル生理学・医学賞を受賞したニコ・ティンバーゲンは、生物の行動を理解するためには、その行動が何を目的として引き起こされるのか、という直接的な要因だけでなく、その行動が生物学上どのように獲得され、子孫を残す過程で有利にはたらいたのかという進化要因を考える必要があると指摘しました[3]。個人の持つ感情についても、直接の要因だけでなく、それがどのような生物学的な意味を持つのかを考えることで、より深く理解することができます。

たとえば他人に対して怒りを覚えてしまうのは、自分の敵に対応するためであり、孤独感は人と集団で生活することで生き延びてきた人類が、一人で生きることを避けるための機能です。こうした感情は、生きていく上での危険を察知し、その危険から離れたり排除したりするために必要な機能として存在します。ですから、こうした感情を抱いたときは、「自分が感じている」というよりも、「遺伝子に搭載された機能が正常にはたらいている」と客観視するように私は心掛けています。メカニズムやその意味を知っておくと、非効率で面倒くさいものにも思えるネガティブな感情とも向き合いやすくなります。漠然と、不安だ、怒りっぽくなっている、寂しい、と感じるのではなく、遺伝子が正しく機能していると認識して、何に対して不安や怒りを覚えているのかと客観的に分析できるようになると、解決策が見えてきます。

不安に苛まれたり怒りの感情に捉われて困っているのであれば、自分の抱えている感情を生物学的に見つめ直すことで、新たな行動の選択肢を持つことができます。

身を守るために遺伝子に搭載されている基本的な機能が、現在の環境でも最適なものとしてはたらくとは限りません。そのため、本能的な機能が今の環境でも本当に必要なのかどうかを考えてみると前に進みやすくなります。たとえば、私は何かに対して不安を感じたときには、それが遺伝子の機能によるものであると冷静に捉えた上で、actionableな不安（不安の対象となるものに対して具体的な行動を取ることができるもの）とactionableでない不安（不安の対象となるものに対して行動を起こせないもの）に分けて考え、後者については「不安なものには蓋をする」ことを決めています。かつて起業するときにも不安は感じましたが、不安なら事前に打つ手を考え、準備できることはすべて行動する、それでも残った不安については考えないようにしました。

少し補足すると、感情の役割を知って客観視しようということは、感情のない人間になるべきと言っているのではもちろんありません。感情は人生を豊かに彩るものでもあります。ネガティブな感情について触れましたが、逆に、「楽しい」「面白そう」などポジティブな感情についても、それらが備わっていることで生存戦略上有利であるという点もあります。たとえば、友人や仲間と一緒に何かを達成して楽しいと感じるのは、「一人でいるときよりも楽しいと感じること」が集団での活動を促進し、生存確率が上がるからです。ヒトは集団生活を営むことで生存可能性を高めてきたため、このような感情が備わっていることは、生存戦略として理に適っています。

私は、生命の遺伝子に刻まれているこの感情の仕組みを知ってから「辛事は理、幸事は情を以て処す」ことをポリシーとして日々を過ごしています。辛事、つまり辛いと感じる悲しみや不安や怒りなどのネガティブな感情については理で捉え、冷静に何を対処すればよいのかを論理的に考え行動に移します。一方で幸事、つまり楽しい、嬉しいなどのポジティブな感情については、心の底から感情を味わうようにするということです。感情という生命の仕組みを否定するのではなく、知った上でその仕組みを人生にうまく反映するように考えています。

私たちも含めた地球上の生命の最大のミッションは、とにかく生き残ることです。生存を脅かす危険を察知して、生存戦略上優位に立つために、私たちは一見すると非効率にも見える負の感情も持ち併せているのです。

生き残るために必要な機能は、感情だけではありません。本能的な行動や欲求も、すべては「個体として生き残り、種が繁栄する」という原則に基づいています。食欲は外部からエネルギーを取り込んで生きるため。たとえば、子どもが何かとわがままですぐ泣くのは、自分一人では生き延びることができず、周囲に頼るしかないためです。周りの人たちの注意を引くためにアピールする機能がはたらいているのです。

なぜ、私たちは視野が狭いのか

ここまで生命原則と関連づけて話をしてきましたが、個人レベルの死から生命全体レベルの生存戦略へ、個人レベルの感情から遺伝子レベルの機能へと、見る範囲を変えながら進めていることに気づいたでしょうか。

個体から種、生命全体へと考える範囲を変えていくことは、顕微鏡で倍率の異なる対物レンズを切り替えて観察物を見ることに似ています。対物レンズの倍率を変えると同じ観察物でも見える風景が変わるように、この世の出来事についても、どの範囲で見るかによって、見えてくる世界と情報は変わります。

私がもっとも尊敬する科学者の一人である理論物理学者のリサ・ランドール博士が、彼女の著書『宇宙の扉をノックする』の中で次のように書いています。

「人は何かを見るとき、聞くとき、味わうとき、嗅ぐとき、触れるとき、そのほぼすべてにおいて、細かい部分にぐっと近寄って丹念に検討するか、あるいは別の優先基準をもとに『全体像』を検討するかを決めている」

この文章には、イラストが添えられています。エッフェル塔の全景と、エッフェル塔を拡大した鉄骨構造、そしてエッフェル塔の位置を示しているフランス全体の地図です。同じエッフェル塔でも、どの細かさで見るかによって見える風景と情報が異なるというわけです。

『宇宙の扉をノックする』の中では、どの細かさで見るかを決めるときに「スケール」という言葉が使われています。系、規模、スコープなどさまざまな言葉でも表現することができますが、本書では「視野」という言葉を使います。あらためて定義すると、本書でいう視野とは「自分が見ている、考えている世界の範囲」です。

よく「視野を広く持て」と言われるように、視野は広いほどいいと考えられがちですが、そうではありません。

もし本当に宇宙レベルで考えてしまえば、自分が朝起きて朝食を食べることも、今日する予定の仕事もすべてほとんど意味のない小さなことのように思えてしまいます。漠然と視野を広く考えればいいわけではなく、ランドール博士が述べているように、細かい部分を見るか全体像を見るかを適切に選択することが大切です。すなわち、「視野を広くも狭くも自由に設定できる能力」こそが重要になるのです。

ただ残念ながら、我々人類を含む生命は視野の調整が不自由で、特に視野を広く持つことが苦手です。私は、周囲から「愚かだ」と思われる行為のほぼすべては視野が不自由なことに起因すると考えています。

たとえば日本では飲酒運転は禁止されていますが、飲酒運転で捕まる人は後を絶ちません。これは、お酒を飲む瞬間の刹那的な快楽に視野が限られており、その後の運転時の事故の可能性、そしてその事故に巻き込まれるかもしれない周りの人のことまで視野を広げて設定することができていないためです（図1）。

また、自分の利益を優先して他人に嘘をつく人も、嘘をつくことで刹那的に得られる利益に視野が限定されており、その嘘が長期的には矛盾を孕んでいることや嘘をつかれた人が将来的に嘘だったと気づくことなどへの時間的視野まで持っていないことが多いです。

図1 | 狭い視野と広い視野の違い

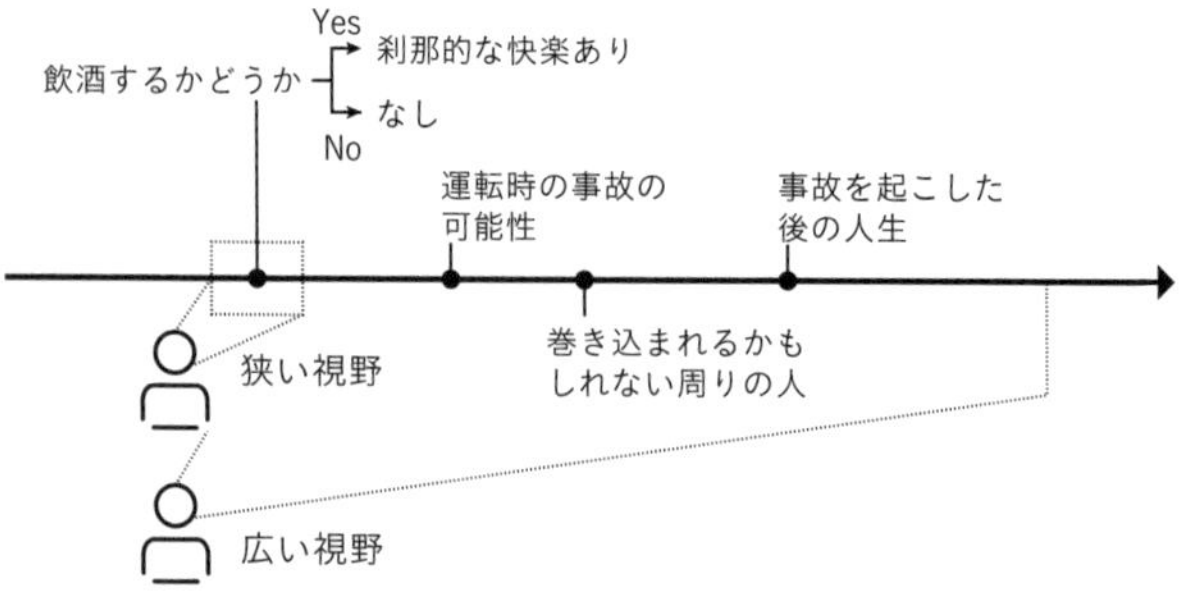

生まれた瞬間から視野を広く自由に持てたなら、いろんな選択肢が見えて生きやすいと思いますが、視野が狭い、つまり目の前のことだけが見えるというのは生存戦略として実は有効な場面もあります。もちろん、前述の飲酒運転や嘘つきを肯定するわけではありませんが、視野が狭くなってしまう不具合にも生物的な理由があるということです。

「個体として生き残り、種が繁栄するために行動する」という生命原則の「個体が生き残る」ことと「種が繁栄する」ことは並列ではなく、優先順位があります。まず個体として生き残ることが先で、個体としての生存の可能性が担保されてくると、次に種が繁栄するために行動するようになります。

子どもがわがままなのは、視野を狭くし自分に集中することで個体として生き残ることに集中するためです。たとえば、仮に赤ちゃんが「ママも睡眠不足で大変だろうから授乳より睡眠を優先してください」などと言ってしまえば、赤ちゃんはすぐに死んでしまう可能性があります。子どもはまだ生物としての生存の可能性が高くないため、横取りしてまで食べ物を獲得する必要があるのです。

子どもは一人で放置されると生き残る可能性が低くなるため、何とか周囲の注意を自分に引き付けようとしたり、他人の事情をまったく考えなかったりします。視野を自分中心にして何とか生きようとしているからです。わがままなのは、わがままでいる必要性があるということです。

一方、大人に成長して家庭を持ったり会社組織などに属するようになると、自分一人だけでなくパートナーや自分の子どもや他者のことも考える必要があるため、長期的な目線で考えたり、自分だけでなく他人優先で物事を考えたりと視野を広く持てるようになります。もし大人になってもわがままで自己中心的な視野が狭い人を見たら、「この人はまだ自分の生存の可能性に安心できていないんだな」と捉えて行動するとよいのかもしれません。

もう一度、本書の主題である「生命原則を客観的に理解した上で主観を活かす思考法」に立ち返ります。なぜ生命原則を理解する必要があるのか。この視野と関連して述べるなら、「生命原則を理解することで広い視野を獲得できるから」です。生命のメカニズム、つまり全体の構造という視野の広い状態で見ることで、どの程度の視野に設定して物事を見るべきか、その上で自分はどう判断するかという一連の行動を取りやすくなります。

子育てをするときにも、わがままな人と接するときにも、自分が愚かな行為をしそうになるときも、「個体として生き残り、種が繁栄するために行動する」という生命原則のステージの違いによる視野の違いを理解した上でなら、適切な行動を選択しやすくなります。

「鶏と卵」問題には答えがある

もう少し掘り下げておくと、視野には主に二つあります（図2）。ここでは「空間的視野」と「時間的視野」と表現します。

空間的視野は、今現在という時間軸において見ている範囲、あるいは持ち併せている情報と言い換えてもいいでしょう。一般的に「視野」と言うときと似た意味になります。

では、空間的視野の設定が不自由になると、どのように物事を見誤ることになるのでしょうか。例を出しながら考えます。

「鶏が先か、卵が先か」という言葉があります。鶏がいないと卵は生まれないし、卵がないと鶏が生まれないという、因果律のジレンマです。

ビジネスにおいても、市場が大きくならないと成功事例が出ないが、成功事例がないと市場が拡大しないとか、多くの人が買ってくれないと価格を下げられないが、価格を下げないと多くの人が買ってくれないなどの場合に、「鶏と卵」と表現すること

図2 ｜ 空間的視野と時間的視野

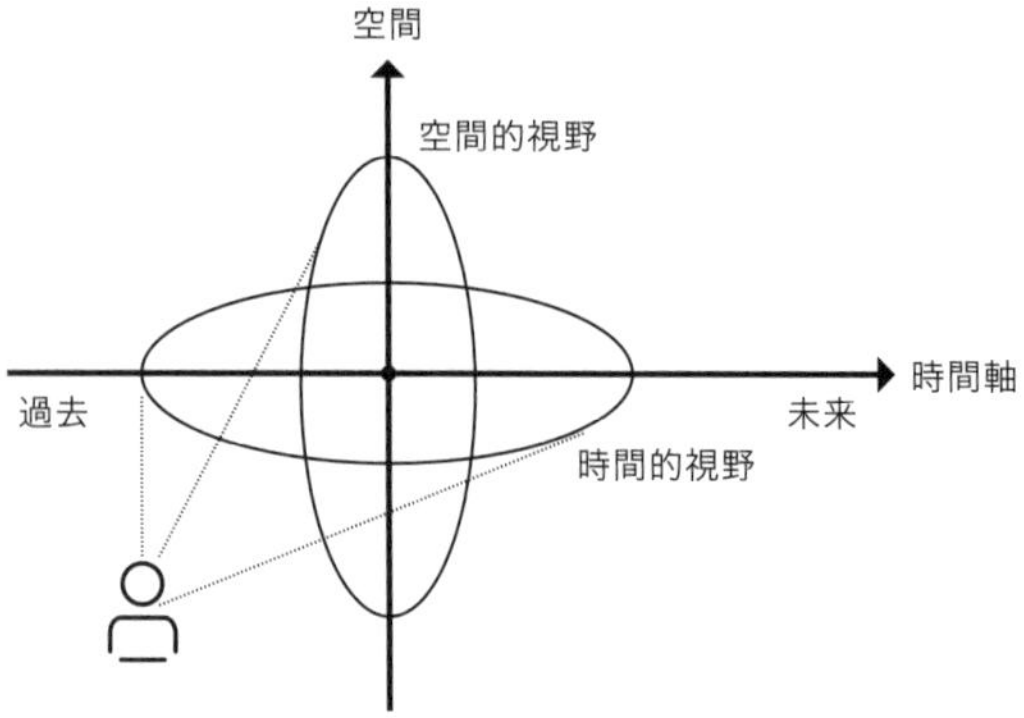

があります。

ただ、この考え方は、私が世の中でもっとも危険だと思うものの一つです。鶏と卵の場合、この二者のみに視野を限定して考えるためにおかしなことになります。視野を大きくして生物学の知識を取り入れて考えれば、この問題はすぐに解決します。鶏はニワトリという生物種だけですが、卵はニワトリ以外の鳥類も生みます。つまり、ニワトリに近い種の鳥類が時間をかけて徐々に変化（進化）することでニワトリになったということです。

つまり、「卵が先にあり、卵から生

まれる鳥類が長い時間をかけてニワトリに進化した」のが、「鶏が先か、卵が先か」の解答になります。鶏と卵という二者だけで捉える狭い視野から、進化という生物学の知識が入った広い視野に設定を変えることで問題は簡単に解決します。

ビジネスにおける鶏と卵も同じです。非常に狭い視野で物事を考えていると、いつまでたっても解決策を見出すことができず、挙げ句の果てに考えることをやめてしまい思うような成果が出ないという最悪の事態となります。私が世の中で「鶏と卵」がもっとも危険だと思う理由がここにあります。答えや本質は視野の外に存在するはずなのに、まるで答えが存在しないかのように感じられ思考停止に陥るのです（図3）。

たとえば、前述の例の「市場が大きくならないと成功事例が出ないが、成功事例がないと市場が拡大しない」場合や「多くの人が買ってくれないと価格を下げられないが、価格を下げないと多くの人が買ってくれない」などの場合を考えてみます。狭い視野で物事を考えた場合はそのとおりかもしれませんが、もう少し視野を広げてみると、市場が大きくなる要因は成功事例が出ること以外にもあるかもしれませんし、市場の拡大以外に成功事例となる他の要因もあるはずです。同様に多くの人が買ってくれること以外にコストを下げられる方法も、コストを下げられない場合でも多くの人

図3　小さい視野を選択すると思考停止に陥る

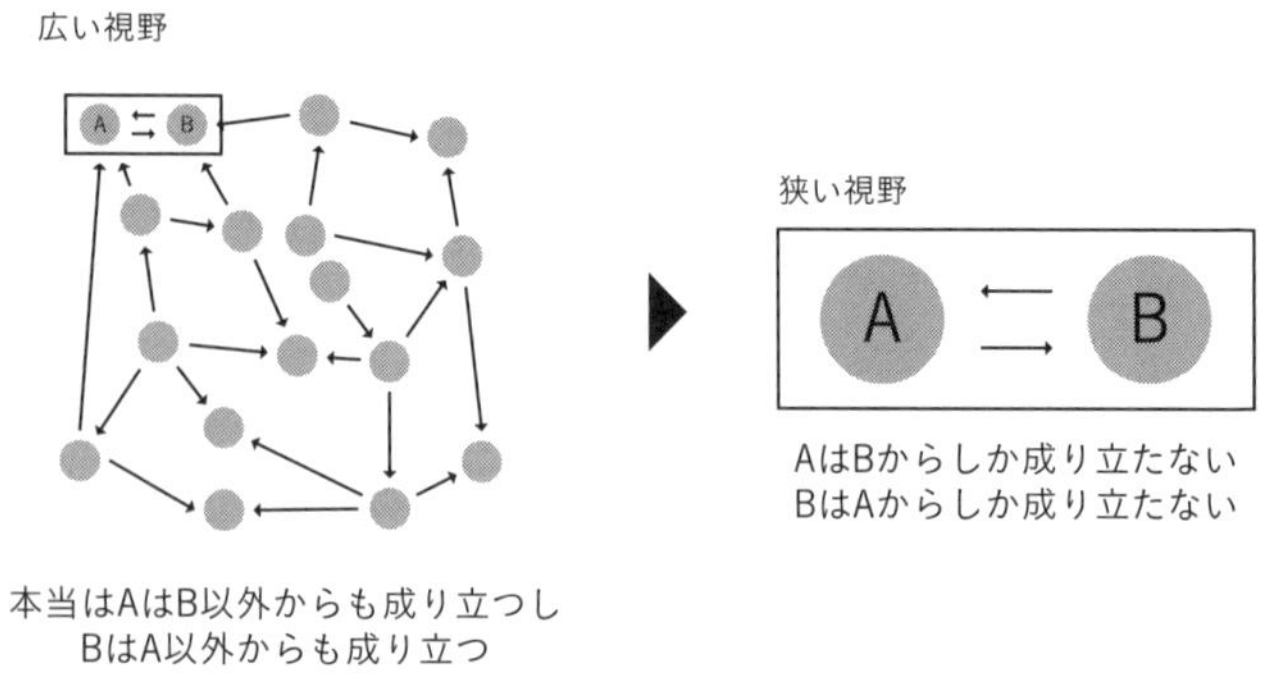
広い視野
A
B
本当はAはB以外からも成り立つし
BはA以外からも成り立つ
狭い視野
A
B
AはBからしか成り立たない
BはAからしか成り立たない

に買ってもらえる方法もさまざまに考えられます。

視野の外に本質がある場合、「鶏と卵の問題だ」と狭い視野で議論を止めるのは危険で、逆に思考を止めなければ課題に対する解が見つかることも多くあります。

思考を停止することは生物のエネルギー効率を考えれば効率的でもあります。ただし、思考を止めてしまうことで自分の行きたい方向に行けないという環境であれば、エネルギー効率を高めるという生物の基本的な性質に意図的に抗ってでも、思考する必要があります。遺伝子に備わっているエネルギー効率を求める機能に従うことは、環境が変わった場合においても必ずしも最適解だとは限らないからです。

スティーブ・ジョブズやマーク・ザッカーバーグのように、毎日同じ服を着ることで服装に関しては思考しないと決める、という「能動的な思考停止」であれば問題ありませんが、やはりビジネスや自身の人生の重要な選択の場合には（受動的な）思考停止に陥らないよう意識的に努力する必要があります。

また、視野の固定の話に関していえば、たとえば思わぬ人が共通の知人であった場合などに「世間は狭いですね」という言葉を掛けられることがありますが、私はこの言葉もあまり好きではありません。共通の知人がたまたまいるくらい狭い範囲の話をしているから世間が狭いように感じるだけで、本当は世間は広いのです。視野の選択が一つ異なれば、見える世界も変わります。

ここまで視野を広げる例を挙げてはきましたが、視野はただ単純に広げればいいわけではありません。どの視野で物事を見るか、その設定を自由にできる能力こそが必要なのです。

生命には複数の時間軸が組み込まれている

もう一つの視野は、時間的視野です。時間的視野を自由に選択できるとは、過去と未来を1日、1週間のような短期だけでなく、1年、10年から1万年、100万年などの長期でも自在に捉えられる状態です。この時間的視野もまた、生命の仕組みから学べることがあります。

生命の細胞の中にある遺伝子は、DNA（デオキシリボ核酸）という物質からできています。DNAは、細胞が分裂するときにコピーされますが、基本的にはまったく同じ配列のDNAにコピーされます。ごく稀にコピーミスが生じても、そのミスを修正したり、コピーミスを含む細胞を壊したりする仕組みが備わっています。基本的には、一人の個体の中で生殖細胞系のDNAは一生変わらないと考えられています。子どもを作ることで、異なるDNAを持つ個体が作られます。

一人の個体の中でDNAの配列が一生変わらないとなると、刻々と変化する外界の環境や体内の状況に適応するのが難しいようにも思えます。しかし、実際には変化する体内外の環境に対応するため、遺伝子の「発現量」は日々変化しています（図4）。たとえば、出産や子育てを通じて両親のオキシトシンと呼ばれるペプチドは分泌量が増加することが知られています。

では、環境変化に対応するために遺伝子はどのように調節されているのでしょうか。遺伝子は、生命の中で機能するさまざまな分子（「タンパク質」またはオキシトシンのような「ペプチド」という物質）を作るための情報を持っています。しばしば遺伝子は「生命の設計図」と呼ばれますが、厳密に書くならば「タンパク質の設計図」です。その遺伝子は、細胞の中で「核」という場所にDNAとして格納されています（図5）。

実は、タンパク質はDNAから直接作られるのではありません。一旦、DNAからRNA（リボ核酸）という、DNAに似た物質にコピーされます。ちょうど、大切な原本のコピーを取っているかのようです。そして、RNAにある「タンパク質の設計図のコピー」をもとに、タンパク質を作ります。また、エピゲノムというDNAのメチル化など化学修飾によって発現が制御される機構もあります。

ここで重要なのは、RNAをどれくらい作るかによって、最終的にタンパク質など

| 図4 | DNAとRNAと発現の関係

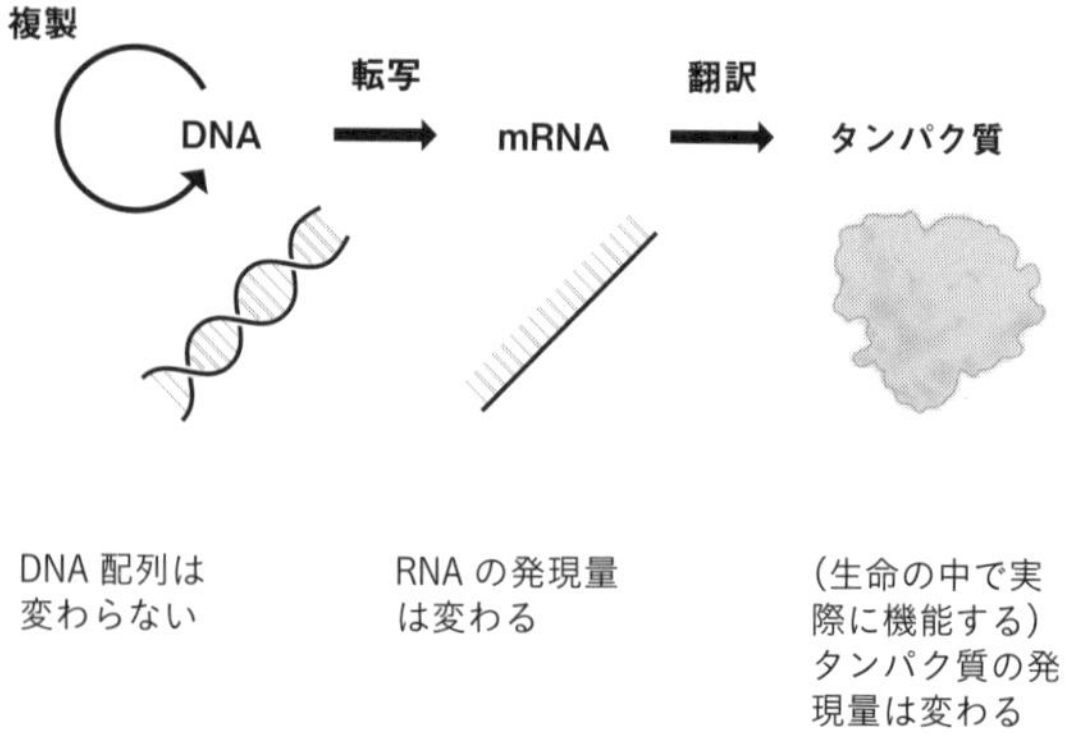

| 図5 | 「タンパク質の設計図」としてのDNA

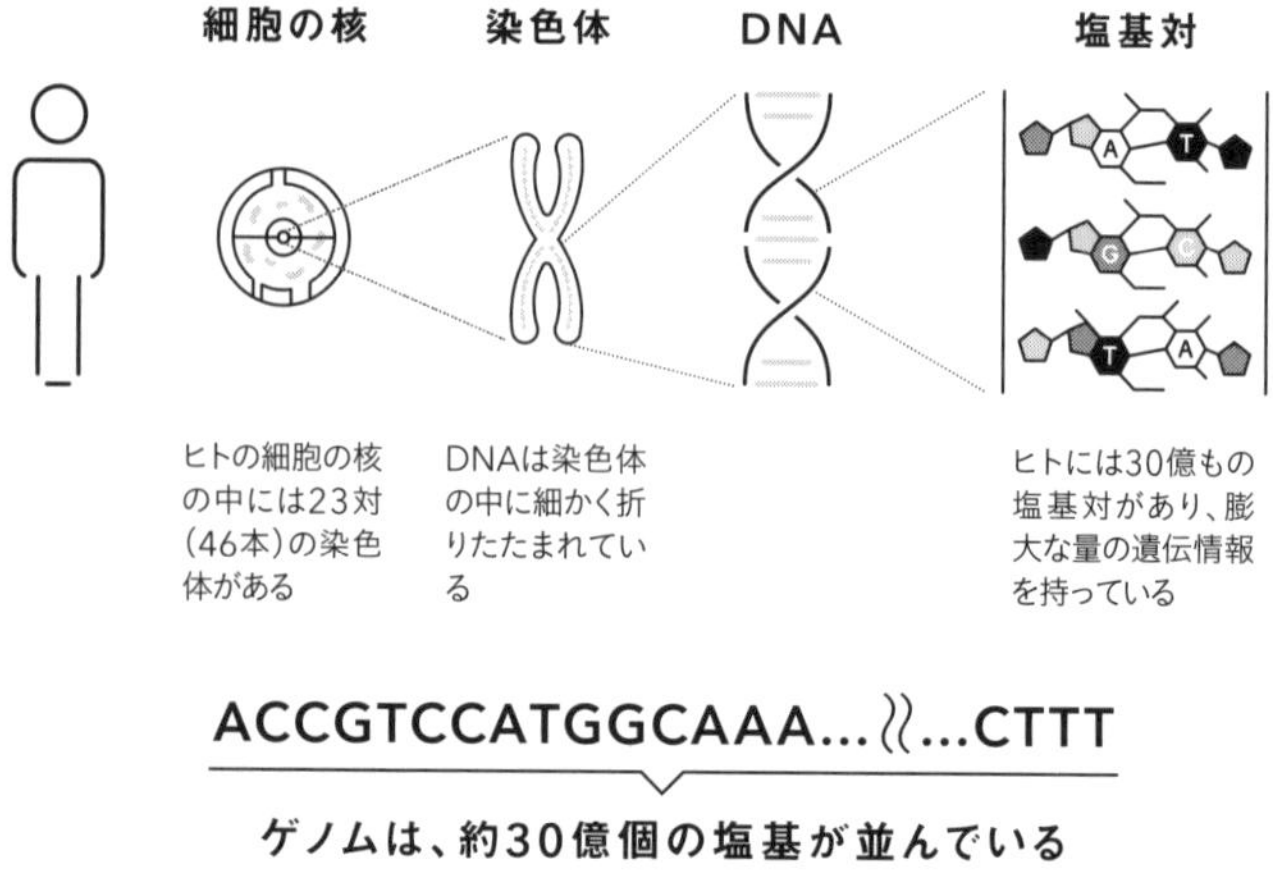

をどれくらい作るかがある程度調節されているということです。DNAは細胞の核の中にあって不変ですが、どの遺伝子からどれくらいRNAが作られるかやエピゲノムの状態は、その時々によって大きく変わります。オキシトシンのように一生という時間軸の中で産生量が変わるものもあれば、食事や運動などの生活習慣によって数ヵ月単位で変化するものもあります。体内時計に関わるものであれば24時間周期で産生量が増減します。基本的に生涯変わらないDNAと異なり、RNAは一つの個体内で比較的短時間に環境に適応するための手段といえます。

DNAが二重らせんの構造を取っていることは有名ですが、RNAは、DNAと違って一本鎖の構造のため、すぐ分解されやすく不安定です。この不安定性があることで、柔軟に環境変化に適応することができます。

DNAは長期間にわたって変わらず、RNAまたはタンパク質などの分子は環境に応じて量が変化する。同じ生命の中に複数の時間軸の仕組みを持つことで、長期的な変化にも短期的な変化にも対応することができます。

普段企業経営をしている身からしても、この関係は企業における経営理念と戦略の関係と似ているように思います。経営理念はそう滅多なことでは変わりません。経営理念がころころ変わってしまっては、投資家や株主だけでなく社員や消費者も「この会社は何がしたいのか」と戸惑ってしまいます。一方、戦略は、期の予算や変化が激しい市場の環境に合わせて柔軟に計画する必要があります。

また、個人の人生やキャリアにおいても、一生のテーマとして変わらない軸と、柔軟に変化させる部分を両方持つことが良いと考えています。たとえば私は、生命科学とテクノロジーが好きなので一生関わっていたいと思っていますが、社会の中に新しい概念や新たな流れが出てきたときには、素直に勉強し柔軟に取り入れることを心掛けています。

変えられる性質のものは何か、一方で変えてはいけないものは何か。変えるべきものは何か、変えるとしたらどれくらいの規模で変えるのか。判断に迷ったときには、一旦長期的視点に立ち（＝そもそも成し遂げるべき理想は何か）、自分たちが今どの位置にいるのか（＝理想に対して不足しているものは何か）を俯瞰した上で、直近にどのような戦略を取るべきか（＝最初にすべきことは何か）という短期的視野に立ち戻り議論すれば、やるべきことが見えてきます。

生命の持つ仕組みのように、時間的視野を自由に選択できるようにすることで、自分の置かれた場所と状況、次への一歩が明確になります。

なぜ、がんは進化の過程でなくならないのか

「DNAは一生変わらない」と書きましたが、実際には「変わってしまったものは排除されている」と書くのが正確な表現です。

細胞が分裂するとき、それに先立ってDNAが二つにコピーされます。このとき、ほぼ正確にコピーされますが、コピーしなければならない文字（専門用語では「塩基」といい、A・T・G・Cの4種類の文字で表されるもの）は約30億に上ります。ミスが起きても修復する機能はいくつかあるものの、それでも1億から100億分の1の確率でコピーミスが起きます。コピーするのが約30億文字なので、概算で約30億文字のうち30文字くらいは間違った文字になっていたり、1文字欠けていたり、余分な1文字が入っていたりします。

このミスが、もし細胞増殖に関わる遺伝子で起きていたとしたら、どうなるでしょうか。細胞が増えなくてもいいところで増え続けることになり、やがて臓器の機能に支障を来すほどの大きさに成長します。これが、がんです。ＤＮＡのコピーミスによって生じるがん細胞は、１日に５０００個にも及ぶと推定されています。そのほとんどが免疫によって破壊されますが、その中で生き延びたものが成長を続けると大きな細胞集団となり、がんと診断されます。がんは、日本人の２人に１人という高い割合で罹患します。

がんの原因となるＤＮＡのコピーミスは、なぜ起きてしまうのでしょうか。ミスを修復する強固な仕組みを作り、ミスが絶対に起こらないようにすることはできないのでしょうか。

ところがこの現象は、生命の長い歴史を俯瞰すると、つまり広い時間的視野で見ると、ある目的のためにどうしても生じてしまうものであることがわかります。その目的とは、進化です。

進化は、生命が長い歴史の中で、常に変化し続ける環境の中で生き延びるための方法です。常に一定頻度でＤＮＡが変化することで、異なる遺伝子を作り、異なる性質のタンパク質を作り、そして異なる生物を作る。現在、無数の生物種があり、地球のあらゆる場所に生物が存在するのも、常にDNAのコピーミスを含む変異が起こり続けてきた結果です。

たとえば、ホタルが発光するようになったのも、もとは他の遺伝子が進化の過程でコピーミスにより何度も重複を起こし発光する機能を持ったためであることがゲノム情報からわかりました(4)。

私たち人類が常にがんに脅かされているのは、実は今でも進化の可能性を秘めている証拠なのかもしれません(そのほとんどは、がんなどの不具合に終わってしまうものの)。

遺伝子のコピーミスはがん細胞になることもあれば新しい進化のきっかけともなり得ます。生命はまだ見ぬ未来への進化のためのセレンディピティ(想定外の発見)を求めて、DNAのコピーミスという不安定性を、個体が死ぬかもしれないリスクを取りながらも、種の存続のために命をかけ担保しているのです。

LGBTは性の進化の過程かもしれない

DNAのコピーミスも含む、遺伝子の変化という不安定性は、さまざまな遺伝情報を持つ生物を次々と生み出します。つまり、多様性の誕生です。

多様性は、進化のために必要不可欠な要素です。進化は、「進」という文字が入っているために、ある目的に向かって一直線に進む合目的的なものと捉えられがちです。しかし、実際にはそうではなく、環境が変化したときにたまたま生存に有利だったものだけが生き残ることで事後的に合目的かのようにみなされうる現象です。どのように環境が変化するかを予測することは困難なため、あらゆる事態を想定して（生命は意識的に想定するわけではないのですが）準備する必要があります。その方法として生命が採用したのが、多様性です。

多様性にあふれた生命では、ある条件では生存に有利になるものの、別の条件では生存に不利になるものもあります。でも、それでよいのです。多様性に「最強」という概念も「最弱」という概念もありません。たまたま今の環境下で強かったり弱かったりするだけです。

多様性は、同じヒトという生物種の中にもさまざまな特性を持つ人を生み出します。この特性には、性別や体格という外見的にわかりやすいものだけでなく、性格や疾患リスクなどの内面的な要素も含みます。

近年では多様性の一つとしてＬＧＢＴ（セクシュアル・マイノリティの総称の一つ）の話題が増えてきました。ここではＬＧＢＴの中の同性愛者について考えます。

同性愛者は、全人口の2〜10％存在すると見込まれており、双子や家系の研究からある程度の遺伝的要素がある（遺伝子が影響している）と推測されています。２０１９年には、約50万人のゲノムデータの解析結果から複数の遺伝子が関与しているとする研究成果が報告されましたが、「この遺伝子がこのタイプだったら必ず同性愛者になる」と言えるほどの強い影響力はなく、すべての遺伝子の影響力を合わせても遺伝要因の影響度は8〜25％であるとのことでした(5)。75〜92％が遺伝要因以外の環境要因などの影響だと考えると、同性愛については、生まれもった遺伝子よりもその後の環境や体験のほうがはるかに影響力は大きいようです。
ただ、少なからず遺伝子の影響があることは注目すべきでしょう。同性愛者は生物的には子孫を残すことが難しいと考えられるため、直感的には生存に不利なように思えます。しかし、同性愛に影響を与える遺伝子には、リスクを伴う行動を取りやすくなる、好奇心が旺盛である、匂いの感受性に関係するなどの機能もあることがわかっています。つまり、同性愛とは別に、生存に有利になる機能を同じ遺伝子が担っている可能性があり、一概に同性愛者は生存に不利だと言い切ることはできないということです。こういったことも、ゲノム解析の研究から明らかになってきています。

LGBTについては、別の観点から想像していることがあります。それは、性の多様性です。生命は最初、無性生殖、つまり単純な分裂によって増えていました。その後、遺伝子の組み合わせを変えて多様性を増すために、オスとメスに分かれて有性生殖を行うようになりました。無性生殖を「性が1種類の増殖方法」、有性生殖を「性が2種類の増殖方法」と考えれば、未来では「性が3種類以上の増殖方法」が出てくる可能性は誰にも否定できません。

脊椎動物ではありませんが、実際にスエヒロタケと呼ばれる真性担子菌（キノコ）の一種は、性別が2万3000種類以上もあると言われています[6]。3種類以上の性別を持つ生物が実際に存在することを考えると、2種類の性別しかないことが人類の進化の最終形態であることは証明ができません。また、そもそも生まれたときの性別で分類すること自体の是非を考えてみましょう。魚類では集団内の環境などによって頻繁に性転換が起きます。たとえばブルーヘッドという魚は、成熟後でも群れからオスがいなくなると、体の大きなメスの個体で女性ホルモンである血清エストロゲン濃度が低下し、男性ホルモンの一種であるケトテストステロンが増加することで、すぐさまオスへと性転換することが知られています[7]。一つの個体が一つの性で固定される必要すら、生命にはないのです。

LGBTなどを含む性の多様性というのは、その「途上」にあるのかもしれないと個人的には想像しています。時々LGBTの存在を否定したり差別したりする人がいますが、LGBTの否定は多様性の否定であり、多様性の一部を形成しているその人自身も否定していることになります。「その人自身も否定」と書いたのは、狭い視野をもって「自分とは違う」と他者を差別の対象にしてしまうと、広い視野においては多様性があるからこそ繁栄できている人類の否定、つまり自らを否定してしまうことになる、という意味です。たとえば、虹色は多様な色により構成されているから虹色として存在できるのに、ある日赤色が「赤色以外は消えてしまえ」と仮に言ってしまえば、それはもはや虹色ではなくなってしまいます。それと同じで、多様な人により構成されて初めて存続できる人類が、自分とは違うという理由で一部を否定すると、自家撞着に陥るということです。

性別に限らず、人種や肌の色などで差別する人もいますが、それは同じように多様性の否定、ひいては自らの否定にほかならず、意味のないことです。

人類全員少数派。生命は、すべての存在を肯定している

不安定性の担保は多様性をもたらします。ここでいう多様性とは、さまざまな生物種があるという意味だけではなく、人類の中でも人は多様であるという意味も含めています。ゲノムデータに触れていると、多様性とはこういうことだと日々実感するこ

とができます。
ジーンクエストでは、遺伝子の個人差のうち、塩基の1文字違いである一塩基多型（ＳＮＰｓ、図6）を調べていますが、解析対象となるＳＮＰｓの数は約70万箇所です。実際には、ＳＮＰｓは３００万から１０００万箇所あると推定されています。ＳＮＰｓだけでも組み合わせは膨大な数に上りますが、他の種類の遺伝子の個人差（特定の配列のコピー数の違いなど）を含めると、一卵性双生児を除けば、遺伝子レベルで同一人物は存在し得ないほど低い確率となります。それほど、ヒトは多様性に満ちた生物です。この遺伝子のたった一つの塩基の違いという遺伝的な個性が、私たちの個性、つまり顔の形、性格や体格、体質などに影響を与えています。

しばしば、ジーンクエストの遺伝子解析を受けた人から、「私の遺伝子解析の結果は良いのでしょうか、悪いのでしょうか」と聞かれることがありますが、良い、悪いと二分できる性質の話ではありません。確かに個々の遺伝子的な疾患リスクを見ると、平均よりリスクが高い、低いの差異はありますが、あらゆる疾患リスクが高いという人もいなければ、逆にあらゆる疾患リスクが低いという人もいません。

図6　ゲノム配列中の塩基の1文字違いである一塩基多型（SNP）

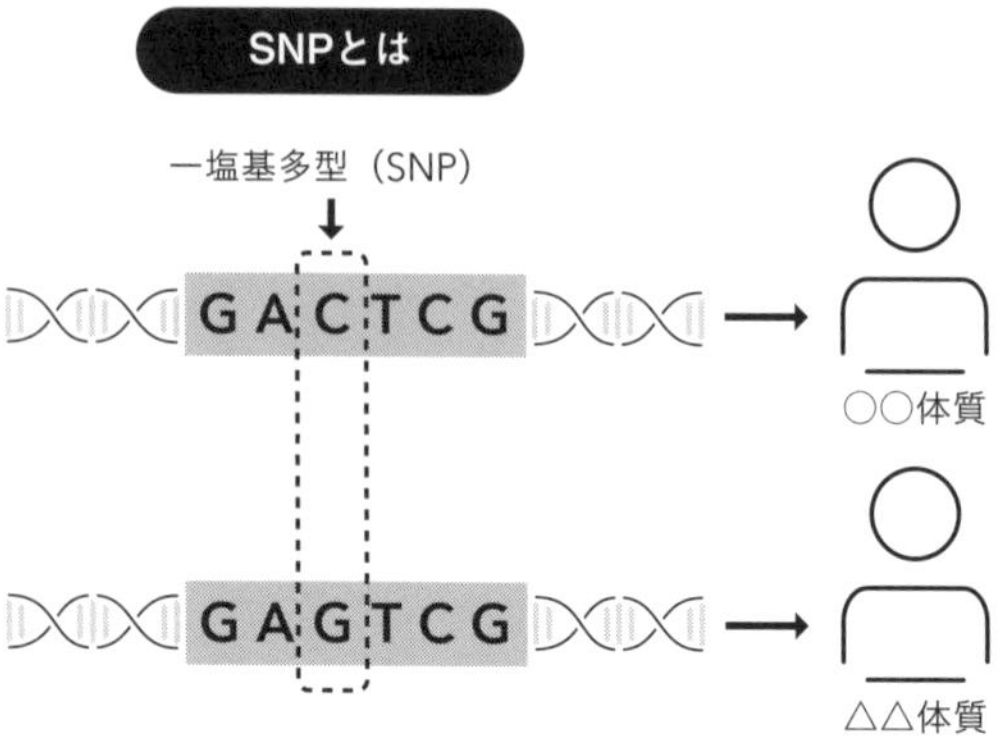

遺伝子的に頭が良いか、運動ができるかどうか、と聞かれることもありますが、一口に頭が良いと言っても、IQ、記憶力、理解力、連想力、想像力、創造力、頭の回転の速さなど、運動と言っても筋力、体幹、身体の記憶力、再現力など多くの要素があり、すべてにおいて遺伝子的に秀でている人はいません。

遺伝子情報は誰一人同じものを持っていない上、レアバリアント（希少な遺伝子型の違い）と呼ばれる極めてレアな配列を、ほとんどの人は必ず持っています。平均すると一人あたり250から300もの機能欠損に関わるバリアントがあると推定されています(8)。私も自身の全ゲノム情報は解析済みですが、私にもレアバリアントがあります。ただ、ヒトが持っているレアバリアントの中でも、ある遺伝性疾患に関わっていることが判明しているものもありますが、ほとんどは何の形質に関係するかまったく明らかになっていません。未解明のレアバリアントを持つという意味では、人類は全員レアで、全員少数派と言えます。人類はすべての人それぞれが希少であり、すべての人が少数派に属しています。そして全員希少であることが種に多様性を与え、全体としての種の生存の可能性を高めているのです。

もし「私の遺伝子解析結果は良いか、悪いか」という質問にあえて答えようとするなら、「唯一無二の遺伝子情報である時点で素晴らしい」と言えるのかもしれません。

社会では、人は人をグループ分けしようとします。人種であったり、国籍であったり、性別であったり。これらの分類をもとに、時に優劣をつけようとして差別することすらあります。しかし生物学的な観点からゲノムデータを見ると、一人ひとりが貴重な存在であり、優劣をつけるという発想にはなりません。

全人類、全員一人ひとりが貴重で希少（レア）な存在であることは、ゲノムのことなど考えなくても当たり前なのですが、ゲノムを見るとあらためてその事実を実感することができます。このような生命の仕組みをきちんと知ることが、倫理観や差別の問題、たとえば性差別や障害者差別、昨今の米国での人種差別問題などを解決することにつながる可能性もあると私は考えています。

自分が周りの人と違うと、不安に思う人がいるかもしれません。特に日本では、同調圧力のせいか、その傾向が強いと言われることもあります。しかし、生命科学の立場からゲノムデータを見れば、他人と違うことは生命の歴史からして当たり前であり、命をかけて多様性を作り出してきた生命の最大の特徴であり、資産でもあると理解することができます。

第1章 まとめ

- 私たちが普段生活する中で行うすべての活動の根底には**「個体として生き残り、種が繁栄するために行動する」という共通する生命原則**が存在している

- なぜ感情を抱えて生きるのか、なぜ争いが絶えないのかも、生命としての生存戦略上それが有利であるから。**本能的な行動や欲求も、すべては生命原則に基づいている**

- **生命原則は、個体を取り巻く外界の環境が常に変化することを前提**に作られているため、個体の死の仕組みのように壊すことも組み込まれている

- 生命原則の「個体が生き残る」ことと「種が繁栄する」ことは並列ではなく、**まず個体として生き残ることが先で、次に種が繁栄するために行動する。**私たちの視野が狭い理由は、まず個体として生き残るために必要な機能

- 生命原則の存在により私たち生命は視野の設定が不自由であるが、**空間的にも時間的にもさまざまな視野が存在する**

- 生命の仕組みが完璧ではないのは、外界の変化に適応するため**不安定性の担保に命をかけている**から

- 外界の変化に適応するための手段の一つとして生物は多様性を保有している。**多様性は生物が命をかけて作り出してきた生命の最大の特徴**

(1) Gatt JM, et al. Interactions between BDNF Val66Met polymorphism and early life stress predict brain and arousal pathways to syndromal depression and anxiety. *Mol Psychiatry*. 2009;14(7):681-695.

(2) Fernàndez-Castillo N, et al. RBFOX1, encoding a splicing regulator, is a candidate gene for aggressive behavior. *Eur Neuropsychopharmacol*. 2020;30:44-55.

(3) Tinbergen N. On aims and methods of Ethology. *Zeitschrift für Tierpsychologie*. 1963; 20: 410-433

(4) Fallon TR, et al. Firefly genomes illuminate parallel origins of bioluminescence in beetles. *Elife*. 2018;7:e36495.

(5) Ganna A, et al. Large-scale GWAS reveals insights into the genetic architecture of same-sex sexual behavior. *Science*. 2019;365(6456):eaat7693.

(6) Kothe E. Tetrapolar fungal mating types: sexes by the thousands. *FEMS Microbiol Rev*. 1996;18(1):65-87.

(7) Todd EV, et al. Stress, novel sex genes, and epigenetic reprogramming orchestrate socially controlled sex change. *Sci Adv*. 2019;5(7):eaaw7006.

(8) 1000 Genomes Project Consortium. A map of human genome variation from population-scale sequencing. *Nature*. 2010; 467(7319):1061-73.

第2章

生命原則に抗い、自由に生きる

——主観を活かす——

主観を持つ人間は創造主に歯向かえる

第1章では、生命原則について、やや客観的な立場から紹介しました。生物としての仕組みを俯瞰的に知ることは、より生命科学が重要になる時代においては知識欲を満たしますが、一方で「自分も長い生命の歴史の一部に過ぎない」と悪い意味で達観してしまい、生きる意味を見失ってしまう人も、もしかしたらいるのかもしれません。

しかし、人間は、主観的な意志を活かして行動できる数少ない生物です。そこにこそ希望があると、私は信じています。

「はじめに」でも紹介したように、リチャード・ドーキンスも似た内容のことを書いています。もう少し詳しく解説しましょう。『利己的な遺伝子』では、遺伝子（gene）とは異なる、文化伝達の単位としてミーム（meme）という言葉が提唱されています。ミームを紹介する章（第11章「ミーム――新たな自己複製子」）は、次の文で締めくくられます。

「私たちは遺伝子機械として組み立てられ、ミーム機械として教化されてきた。しかし私たちには、これらの創造主に歯向かう力がある。この地上で、唯一私たちだけが、利己的な自己複製子たちの専制支配に反逆できるのだ」

ミームとは、遺伝子情報ではなく人類の物語・習慣など、社会的・文化的な情報として次世代へ伝わっていくものを指しています。ドーキンスは、体の中にある遺伝子だけでなく、これまでの文化の連なりとも言えるミームにすら抵抗できると述べています。ここで述べられている歯向かう力というのが、本章で焦点をあてる「生命原則を客観的に理解した上で主観を活かす思考法」の中の「主観を活かす」の部分です。

主観を大事にするというと、「本能のままに」「非客観的に」「情緒的に」行動することだと誤解されるかもしれません。そこで本書では、主観という言葉を、遺伝子として規定されている生物としての共通した機能ではなく、「個人が特有に持つ意志」という意味合いで用いることにします。

これまで述べたとおり、私たち生命は基本的に「個体として生き残り、種が繁栄するために行動する」という生命原則のもとに、遺伝子に書かれた情報に従って生命活動を実行しています。一方で、遺伝子に縛られない自由意志が生命に存在するのかというテーマは古くから議論されてきました。ここで自由意志についての面白い研究を紹介しましょう(1)。

2016年に行われた実験で、「私たちは遺伝子の原則とは別に自由に物事を考えることはできない」という自由意志を否定する内容の文章を読んだ被験者群と読まなかった被験者群に分け、脳の電気活動を測定しました。その結果、自由意志を否定する文章を読んだ被験者群では、自発的な動きに関する脳活動が低下したことが明らかとなりました。

この研究からは、「自由意志が存在するかどうか」よりも、「自由意志が存在すると自身が思うかどうか」が、実際の本人の自発的な行動に無意識に影響を与えていることがわかります。

つまり、私たちは基本的に遺伝子に従った生命活動を無意識に実行していますが、自由意志が存在すると考えることで、実際の行動自体が変わる余地が生じます。「生命原則に歯向かう意志が存在する」と思うことそのものが、遺伝子に歯向かう力になるということです。

主観が課題を創り、課題から意志が見える

では遺伝子に歯向かう意志が存在するとして、それはどこに存在するどのような性質のものなのでしょうか。「遺伝子機械やミーム機械という創造主に歯向かう」というとなんだかスケールの大きい話に思われてしまうかもしれないので、ここではもう少しブレイクダウンします。

現在、世の中にはさまざまな課題があります。企業や社会レベルの大きな課題もあれば、悩みという言葉に置き換えられる個人レベルのものもあります。たとえば世界を見れば飢餓や貧困の問題や気候変動に代表される環境問題、日本国内では超高齢化社会の問題もあれば、個人のレベルでは今後のキャリアに関する課題や人間関係の問題、健康に関する問題を抱えている人もいるかもしれません。

これらの課題は、一見もとからそこに横たわっていて自然発生したかのように見えますが、実際はそうではありません。前述した課題のほとんどは、客観的に設定された課題ではなく、それが解決された状態を私たちが主観的に望むことで初めて課題として存在するものです。つまり、自ら選んで「課題」を設定できるということ自体が、極めて自由かつ主体的な性質を持つものです。

私は毎月一つずつＮＰＯ法人や社会活動団体に寄付を行っていますが、たとえば子どもの虐待を防止する活動、貧困を救う食堂を運営する活動、沖縄県でサンゴの養殖を行う活動など、彼ら彼女らが設定する課題は多岐に渡り、中にはそんなことが課題になるのだなと思うこともあります。それらの課題は「こういう未来を描きたいから」「好きだから」など、彼ら彼女ら自身の主観的な意志に基づいており、遺伝子によって既定されているだけのものではないと感じます。

つまり、世の中にあるさまざまな課題は主観的な意志が作り上げており、逆にいえば課題を見つめることで自身の意志が見えるものです。その見えてきた自身の主観的な意志を認識することが、課題解決への推進力となると私は考えています。私たちの行動が生命原則に基づいていると知る一方で、自身の意志に基づいた行動を取ることが「生命原則へ歯向かう力」となります。

しかし一方で、あらゆる悩みや課題が現時点ですべて解決できればどんなにいいことかと願いたくなることもあります。しかし、今すべて解決できたとしても、実際にはより高次の新しい悩みや課題が必ず現れるものです。

たとえば、私は起業してからさまざまな問題に直面するたびに早く大きな企業にしたいと思っていましたが、経営者の大先輩が「会社が小さいうちはいろんな問題があると思って頑張って会社を大きくしたけど、結果的に会社が大きくなってわかったのは、より大きな問題が起こるということだけだった」とおっしゃっていたのが印象に残っています。たとえば売上が伸びても右肩上がりの成長を維持するためにさらなる努力が必要となり、事業規模が拡大すれば人材の確保や教育にもより大きな投資をしなければならないなど、会社が成長したら成長した分だけより高次の新しい課題が必ず出てきます。

社会の課題にしても、飢餓の問題が解決に向かう一方で、今度は逆に肥満の問題が拡大しています。すでに、先進国を中心に、世界では肥満率の上昇が大きな問題となっています。２０１７年の『New England Journal of Medicine』という学術誌で発表された論文によると、２０１５年の時点で、ＢＭＩが30以上の人は子どもを含めて世界で約7億１０００万人、世界の人口の約10％を占めます(2)。肥満は心不全や糖尿病の原因の一つと考えられており、太り過ぎが原因で亡くなった人は年間４００万人と推定されています。今後、世界の人口が爆発的に増えれば肥満問題だけでなく、彼らをまかなうエネルギーの問題なども生じるでしょう。このように、新しい課題は尽きません。

人々の悩みや、企業や社会の課題に限ったことではありません。科学の世界においても、何か一つの現象を解明できたとしても、それが発端となって新たな疑問が生まれます。天文学の分野では２０１０年代になってようやく、これまで理論上は存在すると考えるしかなかった重力波やブラックホールを直接捉えることに成功しましたが、それで天文学がゴールを迎えたわけではありません。地球でも検出できるほどの重力波を生み出している天体現象の詳細や、ブラックホールのより詳しい特徴を明らかにしたいという新たな挑戦がすでに始まっています。

私の研究分野である生命科学でも、20世紀は「全ゲノム配列が解読されれば生命はすべて理解できる」と信じてヒトゲノム計画が進められましたが、最終的にわかったことは「遺伝子の配列だけ解読されても生命は理解できない」ということでした。DNAからRNAがどのくらい作られ、RNAからどのくらいタンパク質が作られるのか、そのタンパク質はどの条件下でどのような作用を持つのかなど、生命を理解するためのハードルは高くなるばかりです。

一つの課題が解決すれば、新たな課題が必ず出てくる。つまり、課題が存在しない社会などありえないのです。すべての課題が解決した、悩まずに人生を過ごせるような理想郷があればいいのですが、課題がなくならない世界が絶望的かというとそういうわけではありません。

情熱は未来差分を意識することから生まれる

すべての課題が解決されることなどないとしても、私たち人類が課題を解決し続けることには意味があります。もう少し詳しく解説します。

そもそも、なぜ課題は存在するのでしょうか。もし、現状に満足していれば、課題は存在しえません。たとえば、世界に存在する飢餓という課題ですが、人類が誕生してから現在まで飢餓に苦しむ人が一人もいないという状況になった瞬間は、一度もありません。飢餓があること自体を自明のことと受け入れてしまうこともできるのに、それでもなお課題だと認識するのは、そうではない、飢えに苦しむ人のいない未来を願う主観的な心があるからです。

同じように、企業などの組織体運営においても、課題がまったくない組織などほとんどありません。それでもなぜ組織課題に悩むのかというと、良い組織になる未来が心の中に想像されているからです。課題が単独で存在するのではなく、まず理想があって、初めて現状が課題となるわけです。

課題が存在するということは、現状よりもいい状態がすでに頭の中にある、ということです。世界の現状に満足しておらず、もし今のままでは未来も同じ状況になってしまう（あるいはむしろより悪化してしまうかもしれない）、それではいけない、未来を理想の姿とすべく今から行動を起こさなければならない、と考える個人の「行動を起こ

| 図7 | 情熱の源泉のイメージ

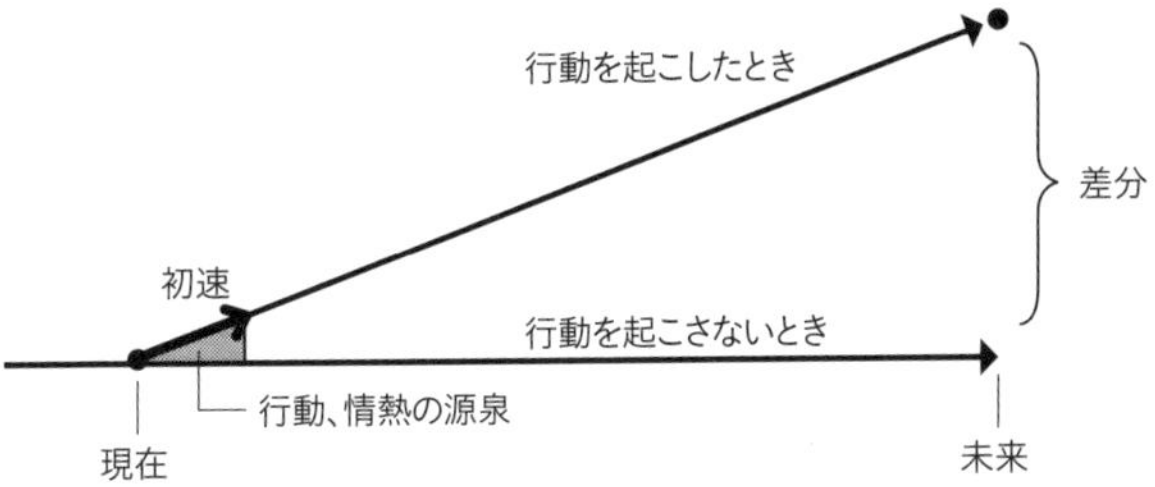

すべき理由」こそが「課題」です。課題を認識した時点で、自分が主観的に目指したい未来像はすでにその人の手中にあります。

ここで、第1章で解説した「時間的視野」の考えを取り入れて考えてみましょう。課題というとあたかも現在の状態と向き合っているかのように考えがちですが、実際には未来を意識していることになります。行動を起こさないままやってくる未来と行動を起こしたときの未来の差、いわば「未来における差分（未来差分）」を意識することから課題が生まれます（図7）。

未来の思い描く状況と現在の状況に差分があり、さらに現状維持のままでは思い描く未来に到達できないことがわかったとき、その未来差分を解消しようと行動が生まれます。そして、行動の初速が伴うことで情熱が生まれます。

世の中には「ビジョナリー」と呼ばれるような、先見の明を持つ人がいます。こういった人は、良い未来を想像する力が豊かで、未来差分を頭の中で明確に描ける人です。もし現在の生活に十分満足しており、未来もそのままの状態が続く(「現在＝未来」)なら、行動を起こす必要がありません。現在のままではいけない、行動を変えてより良い未来を作るべきだと考え、未来差分を描いて実際に行動に移す人がビジョナリーです。

未来差分について、私が周囲の経営者や研究者といろいろな話をしている中で気づいたことがあります。未来差分を描くのが上手な人にも、自分で良い未来を想像して現状との差分を想像するのがうまい人と、他者から刺激を受けて意識的に差分づくりをしている人の2種類がいるということです。

前者の、「自分で良い未来を想像して現状との差分を想像するのがうまい人」は、いわゆるコンセプトメイキングが上手な人です。たとえば、ゲノム研究者で実業家でもあるクレイグ・ヴェンターが該当します。ヴェンターの最終目的は、ゼロから生命を設計すること。これが彼にとっての課題です。ヴェンターが現在興味を持っている「合成生物学」という分野にはさまざまなテーマがありますが、ヴェンターが特に力を入れているのが、DNAの塩基配列を人工的に作るというものです。2016年には、生命活動に必要な遺伝子を473個にまで絞り込み、「生命に最低限必要な遺伝子の機能とは何か」という問いにほぼ答えつつあります(3)。

ヴェンターは「ゼロから生命を設計する」という未来を描いており、そのために「生命に最低限必要な遺伝子の機能を理解する」という行動を起こしているのです。生命をゼロから作ることに成功すれば、まだよく解明されていない生命現象を理解することの大きな後押しとなるため、生命科学の研究に大きなインパクトを与えます。その先の未来を、ヴェンターは描いているのだと思います。

一方、後者の、他者から刺激を受けて意識的に差分づくりをしている人の中には、自分より先を行っている、あるいは規模の大きい企業や経営者の情報を収集することで、自ら意識して目線を上げる人がいます。「他者から刺激を受ける」とは、自分だけでは見えなかった未来を他人を通じて見て、未来差分を意図的に作る行為です。

私の場合は、定期的に最近の論文を読んで意識的に差分づくりを行っています。最先端の論文を読むと、世界にはこんなにも素晴らしい研究者がいて、全力で新しいことに取り組んで成果を上げているのかと、圧倒的な未来差分が見えてきてワクワクします。

逆に、企業経営をしてきた中でどうしようもなく辛い出来事があったときも、未来差分を思い描くことで何度も再起してきました。未来差分は、今のままの行動を維持していては到達できない、より良い未来です。それを描くことは、現状に満足せず、行動を起こす、つまりそこに向かって坂を上っていくきっかけとなります。

ここにこそ、課題が存在する意義があります。課題というと「解決しなければならないもの」とネガティブに捉えられがちですが、本質は「解決することでより良い未来に到達できるものであり、それを意識づけてくれるもの」です。課題があるからこそ、より正確に言えば課題を見つめることで自身の主観的な意志をしっかり認識して行動に移していくからこそ、より良い未来に行くための原動力が得られます。

課題がなくなることが決してないということは、裏を返せば、常に良い未来を想像して、そこにたどり着くために努力できるということでもあります。

だから私は、課題があること自体が、人々にとって、組織にとって、さらには人類にとって、より良い未来に向かって常に行動を起こし続けるための「希望」だと考えています。

生命とは何か、時間とは何か

第1章では時間軸について、個体として生き残るという生命原則に基づいているために、どうしても私たちの時間に対する視野の設定は狭くなりがちで不自由であると書きました。生命の仕組みに則って考えると、個体は生存のステージに応じて、短期的な時間の視野にとらわれたり長期的に見ることができるようになったりします。また、DNAの仕組み一つをとっても、RNAを併せ持つことで短期的な変化に対応するなど、生命の仕組みは時間と大きく関係しています。しかし、そもそも時間とは何なのでしょうか。時間の構造を意識しない限り、私たちはなかなか自由自在な時間軸を持つことはできません。生命原則に抗って自由な時間軸の認識を持つために、ここでは時間について深掘りしてみたいのですが、それには、「生命とは何か」を並行して考える必要があります。

「生命とは何か」「生きている、死んでいる、生き物ではない物質との違いはどこにあるのか」という議論は古代からさまざまな科学者が解を出そうと取り組んできたテーマであり、現在でも「生命とは○○である」という定義は、実は明確な一つの解には収束していません。

生命を構成している細胞であれば、いくつかの条件があります。自分自身だけで増えることができる「自己増殖能」、細胞膜によって細胞内と細胞外が明確に分かれている「隔離」、体内の環境を一定に保つために常に化学反応を起こしている「恒常性」などです。

でも、生命の定義となると、「死の定義」と同様、考えることが途端に難しくなります。もし、誰かが息を引き取ったなら、「今、この人は亡くなった」と直感的に認識できますが、そのとき何が起きているのか、実はわかっていないことも多々あります。また何をもって死とみなすかは科学的にだけ規定できるものではなく、文化や制度（医師の診断や死亡届など）によって定められるものでもあるかもしれません。

それでも、これまで多くの科学者が「生命とは何か」を定義しようと挑んできました。たとえば、生物学者の福岡伸一氏は著書『生物と無生物のあいだ』の中で、生物と無生物を隔てるものは「時間」であると考察しています。

生物でないもの、たとえば岩は雨風によって表面が削られて形が次第に変わっていきます。生物だけが、時間経過と環境に伴って自分自身を変化させながら維持していると福岡氏は考え、その根底にある原理が「動的平衡」であると解釈しています。

動的平衡とは、動きながら平衡状態を保つという意味です。生物は常に絶え間なく分解と合成を繰り返しながらバランスを取っています。変化していく外界の環境の中でも、私という同じ個体を保つことができるのは、変化しないことで同じ状態を保つのではなく、常に変化することで保つという動的平衡の仕組みが存在するからです。

また、シュレーディンガーの猫を提唱したことで有名なオーストリアの理論物理学者のエルヴィン・シュレーディンガーは１９４４年に刊行された著書『生命とは何か』の中で、生命を次のように定義しています。

「無生物の物質のかけらが同様の状況で維持すると予想されるよりも長い『時間』それを維持するもの」

他にも多くの研究者が生命の定義を提唱していますが、ほとんどに共通していることは、「時間」という概念を取り込んでいることです。また、一個体の成長や、世代を経て起きる進化は、時間という概念なしに語ることはできません。本書で述べようとしている「生命原則を客観的に理解した上で主観を活かす思考法」も、個人の人生の中での覚悟、経営における意思決定、社会の課題解決などもすべて時間の認識が大きく関わります。第１章で述べたように、時間的視野を自由に設定できることは、物事を判断する上で重要な能力です。

では、時間とは一体何なのでしょうか。

時間に関しても定まった解釈をするのが難しく、長い間さまざまな人がさまざまな表現をしているので、そのいくつかをここで紹介します。

たとえばドイツの哲学者マルティン・ハイデガーは「時間など存在しない。だが時間は存在する」と表現しました。時間は、物質のように目に見えないが、存在するのは確かである、ということです。

また、イギリスの理論物理学者スティーヴン・ホーキングは著書『Brief Answers to the Big Questions』の中で、「ビッグバンの前に何があったかを問うのは、南極点の南に何があるかと問うのに似ており、時間の概念がないから問い自体が無意味だ。時間の概念はこの宇宙だから存在する」と書きました。理論物理学では、ビッグバン以前に時間は存在しないとされており、裏を返せばビッグバン以降から現在に至るまで時間は存在することになります。

時間について体系的に論じた最初の人物とされている古代ギリシャの哲学者アリストテレスは、動き（変化や運動）と時間には密接な関係があると論じています。これは私たちの実感に近いものです。何かが変化するときに私たちは時間を感じることができます。変化や運動が成り立つとき、そこには時間が存在すると表現できます。

図8　距離と時間は複数の要素から成り立つ

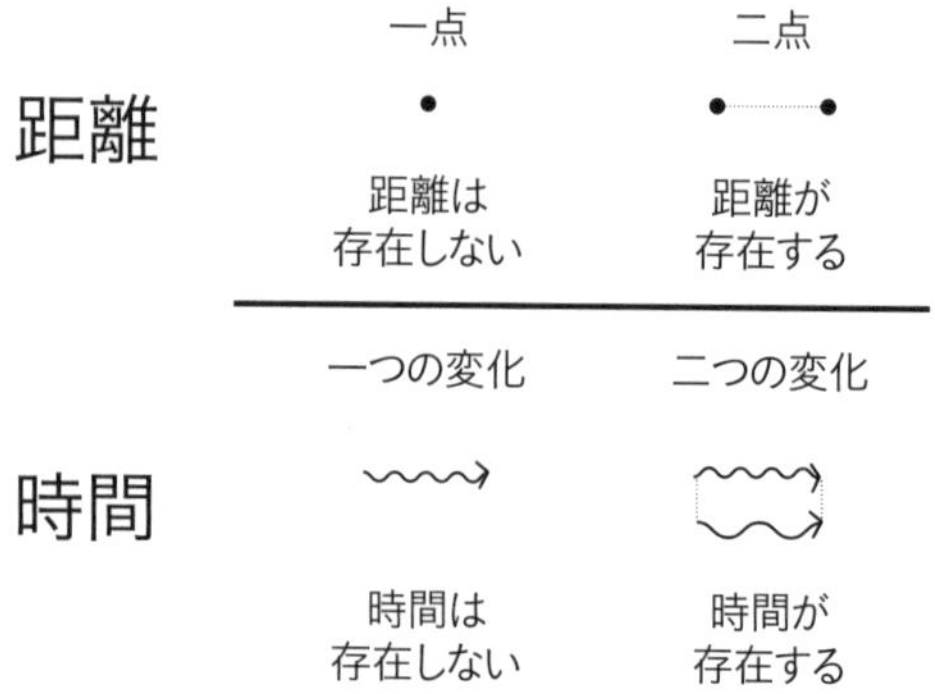

私がこの変化と時間の関係について考えたきっかけは、アルフォンソ・キュアロン監督の映画『ゼロ・グラビティ』です。この映画は、宇宙飛行士の主人公が、スペースデブリによってスペースシャトルや国際宇宙ステーションだけでなく通信衛星までも破壊されてしまい、宇宙の無に取り残される恐怖を描きました。

もし、宇宙空間に一人だけ置き去りにされたら、と私自身も妄想しました。光の変化はない。宇宙に空気はないから音もない。宇宙空間には、自分の知覚で短期間に認識できる範囲の変化をもたらすものはほとんどありません。その中で、時間を感じることはできるのだろうか、と。自分の呼吸や心音で変化を感じ取ることはできるかもしれないけれど、周りの宇宙空間が変化しない中で、果たして時間は存在するのか。

そう考えたとき、ふと、ある仮説に思い至りました。時間は、自分という単一の変化のみでは存在できず、環境など複数の変化があることで初めて存在し認識し得るものである、と。二次元における距離の概念が一点ではなく二点以上存在することで初めて成り立つように、「二つ以上の異なる性質を持つ変化」を比較することで初めて時間を認識できる、ということです（図8）。

「比較対象」と「主体」を変えれば、時間の認識が変わる

では、私たちが認識している時間とは、一体何と何の変化を比べているのでしょうか。私は、主に以下の4つだと考えています（図9）。

1. 自然変化

地球の自転（1日）や公転（1年）、セシウム原子の共鳴周波数の周期を91億9263万1770倍したもの（1秒）など、自然現象がもとで起きる変化。これを「自然変化」とします。

2. 環境変化

経済社会や政治、周囲の他人の行動など、自分以外の周囲の社会の変化。これを「環境変化」とします。

3. 行動変化

自分の衣食住や仕事趣味などに費やす行動、自分自身の個人の活動の変化。これを「行動変化」とします。

4. 生命変化

呼吸や加齢など、個人の生命活動の変化。これを「生命変化」とします。

図9　私たちが認識する4つの変化

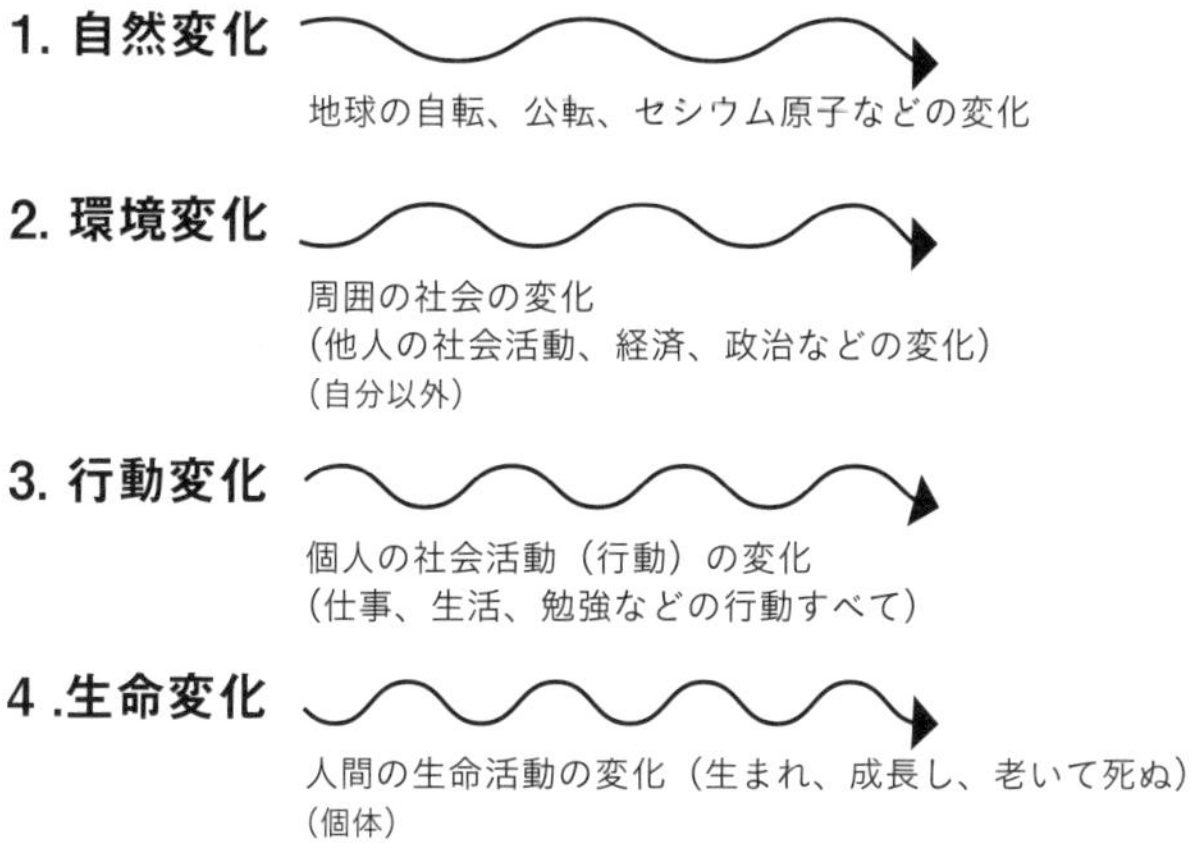
1. 自然変化
地球の自転、公転、セシウム原子などの変化
2. 環境変化
周囲の社会の変化
（他人の社会活動、経済、政治などの変化）
（自分以外）
3. 行動変化
個人の社会活動（行動）の変化
（仕事、生活、勉強などの行動すべて）
4 .生命変化
人間の生命活動の変化（生まれ、成長し、老いて死ぬ）
（個体）

私たちは、どのような変化の組み合わせのときに、どのような時間を認識しているのでしょうか。

かつてイタリアの天文学者ガリレオ・ガリレイは、まだ時計が普及していない頃、実験における時間計測のために自分の脈拍を使っていました。先ほどの4つの定義に当てはめると、生命変化を基準にして自然変化を相対的に捉えていたことになります。

もう少し身近な例を挙げると、たとえば「年齢のわりに活躍しているね」という会話をしたときには、自然変化または生命変化（年齢）に対する行動変化（活躍）の量が平均よりも高く、「年齢のわりに若く見えるね」という会話をしたときには、自然変化を基準にして生命変化の変化量が平均よりも低いという捉え方をしている、と言い換えることができます。

最近では、テクノロジーの発展によって私たちの生活はより便利になっており、昔に比べて時間を節約できるようになっているにもかかわらず、「昔よりも忙しくなって時間がないように感じる」と聞くことはよくあります。実際に、セイコーホールディングスによる調査では、現代人の7割が「時間に追われている」と感じているという結果もあります(4)。もちろん、私たち一人ひとりが持つ時間の絶対値が低下したなどということはありません。人類の平均寿命は伸び続けているので、自分の時間はむしろ増え続けているといえます。この現象は、インターネットなど主にＩＴの発展によって、自然変化に対する環境変化の変化量が大きくなったりその変化がより可視化されたりしたことで、結果として相対的に行動変化や生命変化の量が少なく感じられるものだと説明できます。つまり、１日あたりや1年あたりに世界中ではこんなにもたくさんのことが大きく変化している（と感じる）がゆえに、自分の起こせる行動の変化が小さく感じられてしまい、相対的に時間が足りないと感じるということです。

また、私たちは「楽しいときや充実しているときはあっという間に時間が流れる」と感じることがよくあります。かのアルベルト・アインシュタインも「熱いストーブに1分間手を置くと1時間に感じ、きれいな女性と一緒に1時間座ると1分のように感じる」と言いました。私も、起業してから今までの6年間は、これまでの数十年分くらいの年月を詰め込んだかのような濃密な時間を過ごしたように感じます。自分の行動変化量が大きく、相対的に自然変化量が小さく捉えられるため、「あっという間だった」と感じたわけです。

逆に、スマートフォンをだらだら見るなど、暇つぶしをしているつもりがあっという間に1時間経っていた、なんて経験もあると思います。この場合の「あっという間」は、先ほどの「あっという間」とは比較対象が逆になっています。充実している1時間と、暇をつぶしている1時間は同じ自然変化量ですが、暇つぶしのほうは自分の行動変化量は少ない。「あっという間」と感じるのは、自然変化量に対して自分の行動変化量が小さいために起きる感覚です。つまり、同じ「あっという間」でも、先ほどの「楽しいときや充実しているときはあっという間に時間が流れる」とは比較が逆（分子と分母が逆）になっており、「何の変化量が小さいか」が異なるのです。あっという間だったと感じたときには、自分の変化に対する周りの変化が小さく感じたのか、または自分の変化が小さく感じたのか、など自分が捉えている変化の対象が何を指しているかによって意味が大きく変わります。

このように、時間の認識で大切なのは、何の変化と何の変化を比べているのかという、「比較対象」と「主体」に着目することです。時間は「二つ以上の異なる性質を持つ変化」を比較することで初めて認識可能になりますが、何を比較対象にするのかという基準も重要です。

最近は、自然変化や環境変化を比較対象として物事が語られることが多いように思えます。いかに物事を効率化するか、ＡＩ（人工知能）による自動化が進む中で人々はどう生きるべきかという議論は、まさに自然変化や環境変化を比較対象にした考え方です。

しかし私は、生命変化を比較対象とするのがよいと考えています。時間の認識が「二つ以上の異なる性質を持つ変化」の比較という相対的なものに基づくのなら、その比較対象は自分自身の生命変化にするのが本来あるべき姿ではないでしょうか。

たとえば同じ日に受精した受精卵でも、成長の度合いは自然変化で統一されているものではなく、その個体ごとに異なります。つまり、同じ人間でも、それぞれの生命変化は人によってバラバラです。成長の度合いが異なる受精卵が生まれて子どもになっても、その人が成長するスピードはその人固有のものですし、その人が歩む人生においても同じことが言えます。

時間の過ごし方は個人によって違うため、他人や他の対象と比較するのではなく、自分自身にとって重要な時間の使い方とは何かに集中することで、真にやるべきことが見えてくることが多いと感じています。

たとえば、人生の充実度について考える場合に、仕事の効率や生産性を他人と比較したり、自分と同じ年齢の人とどちらがより活躍しているかを比較することにあまり意味はありません。

それよりも、自分が生まれてから死ぬまでの「生命変化」や自分の「行動変化」を軸に、自分がどうありたいかを考え、どう過ごすかを決めるほうが生きやすくなると私は考えています。

同い年の人が輝かしく活躍しているのを見たとしても、その人と自分の行動変化の時間軸はまったく異なるものです。自分の人生を生きるためには、他人の時間軸を気にするよりも、自身の行動変化の中で準備段階のステージなのであれば粛々と自分のできる行動を積み上げるほうが良いです。結局、人生の充実度に大事なのは自分の持つ生命変化（生まれてから成長し老いて死ぬまで）の間にどのような行動変化を起こしたかです。自分の時間軸で考えるようになると「まだ若いんだからこういう仕事をするべき」「とりあえず新卒は石の上にも3年」「もう年配だから成長は見込めない」などもすべてナンセンスだとわかります。

この考え方は、次の第3章で述べる個人の人生や、第4章で述べるような企業にも当てはまります。競合他社や市場に惑わされすぎず、自社の目指す道を定めることでむしろ市場を動かす（環境変化を起こす）ことだって可能です。

本書で述べる考え方は生命をアナロジーとして活用していますが、そのためには自分自身または自社を主体に置いて時間認識を意識する必要があります。

快楽と幸福の違いは時間軸にある

私は、時間軸の認識を自由にコントロールできると、人生の幸福度も高まると考えています。

ここでは、「快楽」と「幸福」の違いについて考えてみます。この二つは似ているようで、意味合いは少し異なります。広辞苑によると快楽は「きもちよく楽しいこと」、幸福は「心が満ち足りていること」とされています。

快楽は、身体的、本能的な満足感です。生命科学の視点では、意欲や興奮を呼び起こす神経伝達物質の一つであるドーパミンの放出のように、一時的な生体反応によるものだと捉えることができます。

幸福は、一見似ているようですが一時的な生体反応ともいえる快楽と異なり、過去から現在そして未来に予想される状況までの長い時間の中で形成されるものです。つまり、快楽と幸福の違いは「時間軸」にあると言えます。一時的な時間の生体反応に視野を持つのが快楽、将来の希望など長期的な時間の視野を持って物事を捉えるのが幸福です。

さらにいえば、先ほどの自然変化、環境変化、行動変化、生命変化の4種類の変化に当てはめると、快楽は個人の生命活動の変化である生命変化であるのに対して、幸福は個人の活動の変化である行動変化で感じるものです。たとえば、糖の摂取は生物的な快楽反応を引き起こしますが、「糖の摂取を我慢する」という行動をとればより健康的な身体を維持し、幸福を感じることもできます。勉強や仕事、トレーニングなどその瞬間は身体的には辛い状態でも、それが将来的な自身の良い未来に繋がっている行動であれば幸福な状態になり得るということです。

最近、WHOなどによって「ウェルビーイング」という言葉で幸福度を測るさまざまな質問票が開発されていますが(5)、ウェルビーイングの概念も一時的な快楽よりも包括的で持続的な心理状態を指しています。

一時的な快楽を惹起するドーパミンは、快楽反応の主要因であると考えられてきました。しかし最近の研究では、ドーパミンは快楽への欲望や行動を引き起こすものの、一時的な快楽を求める衝動と引き起こされる「心地よさ」は別だという研究が発表されています(6)。アルコール中毒の人はアルコールを必死に求めて行動する際にドーパミンが分泌されますが、得られたアルコールによって幸福になったかは別物であるということです。また、ドーパミンは麻薬中毒者や過食による肥満者(7)、ギャンブル依存症やスマホ、SNS依存症などで大量放出されますが、実際はそれら依存症の人たちは長期的な目線での幸福度は低いこともわかっています(8)。

アリストテレスは、幸福とは一時的な快楽によってではなく、理性によって人間の潜在能力を開花させることで実現できると説いています。つまり、一時的な生体反応である快楽だけをいくら積み重ねても幸福になれるわけではなく、逆に瞬間的な快楽を差し置いても幸福を得ることはできるということです（図10）。

また、ジークムント・フロイトは、人間は快楽を満たすために行動するという快楽原則に従っているが、教育によってそれを理性的に捉える行動を取れるようになると説いています。

私たちは基本的には遺伝子に則って快楽が得られる方向に行動を起こします。しかし、快楽と幸福の性質や時間軸の違いを客観的に理解することで、行動をコントロールし、より良い未来のためにエネルギー消費を伴う行動を起こすなど、本来自分が取りたい選択肢を選べるようになります。

図10 快楽と幸福の違い

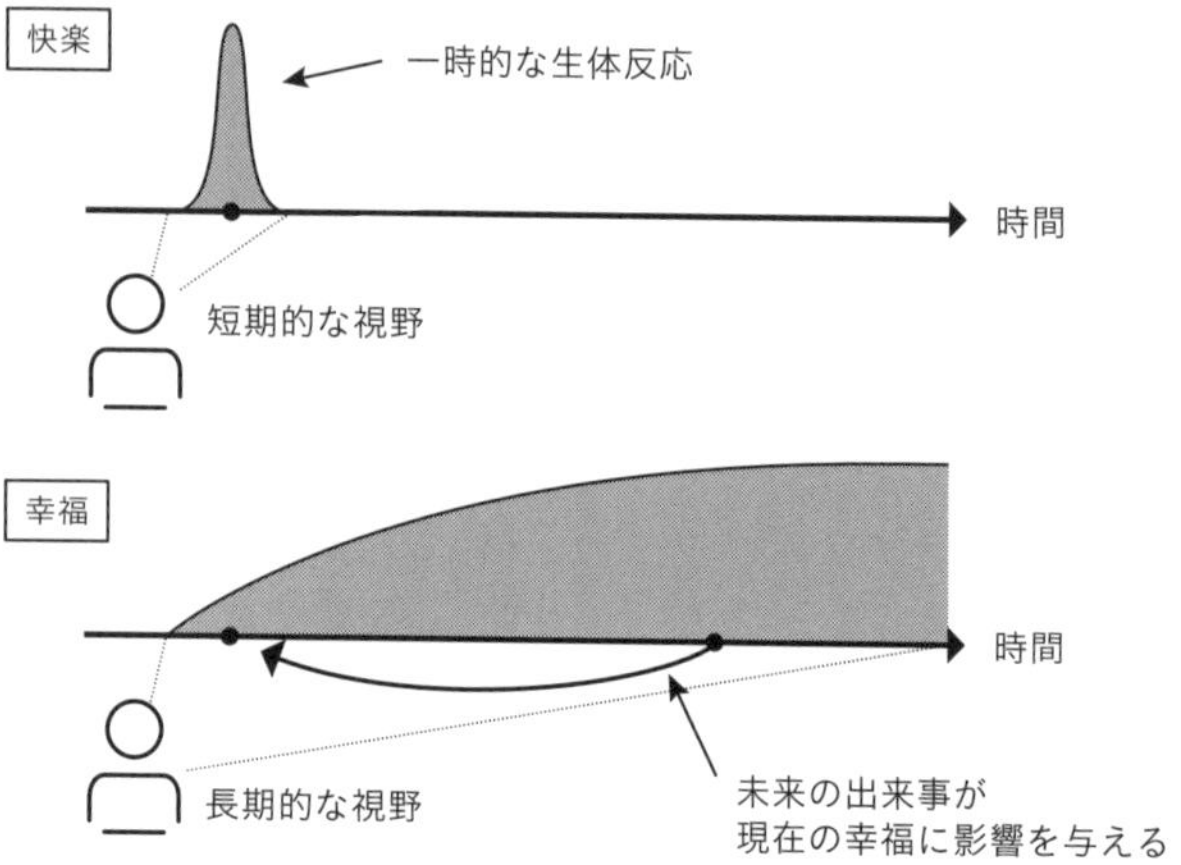

現在の快楽に身を委ねてしまいそうなときには、時間的視野を未来に広げ、達成したい目的を明確に意識した上でもなおその選択をするかどうか自身に問う習慣をつけておくと幸福になりやすいと、私は考えています。

利己的な遺伝子を持つ人類は利他的になれるのか

自分の幸福を追求するという行為は「個体の利益を優先する行動」だと捉えられがちです。そのため、結局自分の幸福だけを追求すると他者のことを優先できなくなるのではないか、と思われるかもしれません。自分の利益を優先して他人の利益は無視する「利己主義」と、他人の利益を優先する「利他主義」の対立です。

利己主義と利他主義はしばしば相反するものと考えがちですが、実は決してそうではありません。利他主義はしばしば自己犠牲と同一視されがちですが、利他主義においては、自分と他者を対立関係として捉える意味合いは弱く、ほとんどのケースでは「自分を含めた集団が良くなること」を意味します（図11）。自分を犠牲にして他の個体を生存させようとする「利他的行動」は実際に、人類を含む多くの動物において見られます。前述の『利己的な遺伝子』にも、動物が利他的行動をするのは、その場面においては利他的に振る舞ったほうが結果的に自分の遺伝子の生存の可能性を高めるからだと書かれています。

図11　利己と利他をどう捉えるか

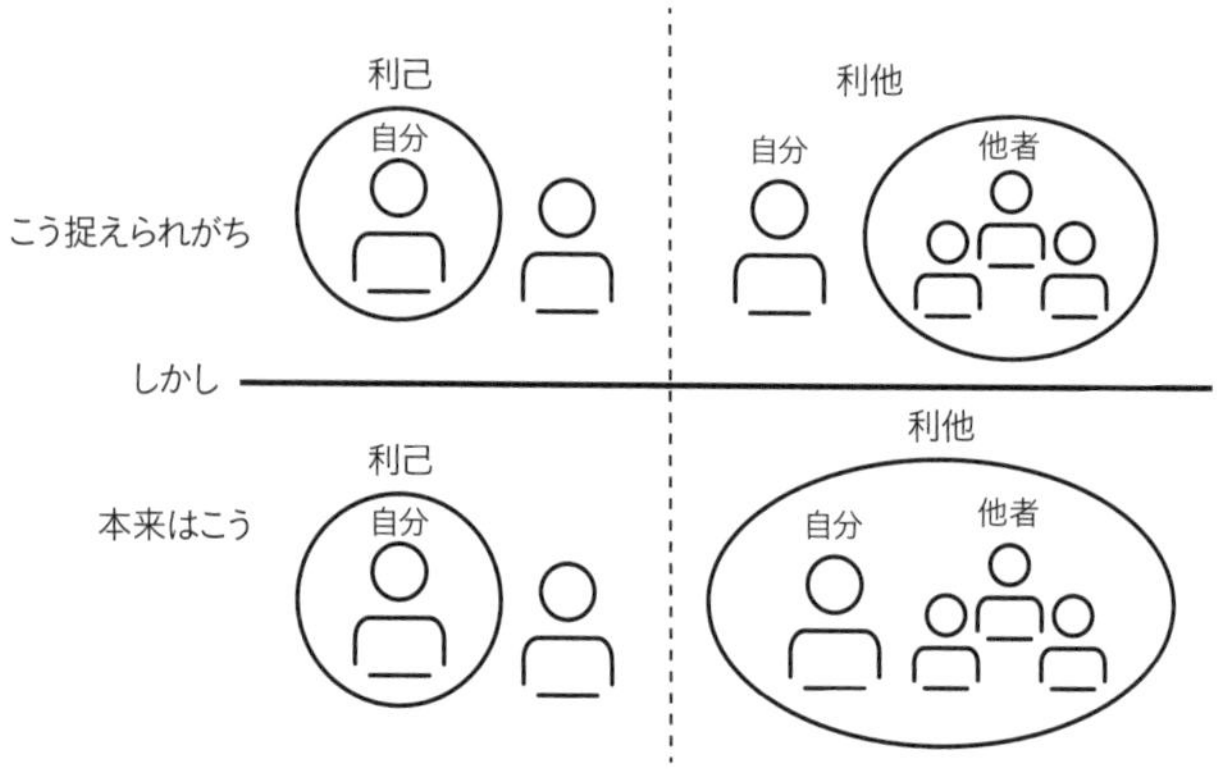

利己主義も利他主義と完全に相反するものではありません。短期的には他人の利益を差し置いても、まずは自分が生き延びなければ集団は成り立ちません。一つひとつの個体がきちんと利己的であることが全体の繁栄につながると考えることもできます。

第1章で「個体として生き残り、種が繁栄するために行動する」という生命原則の「個体が生き残る」ことと「種が繁栄する」ことは並列ではなく、優先順位があると書きました。生命には、まず個体として生き残ることを目指し、個体としての生存の可能性が担保されてくると、種が繁栄するために行動していく性質があります。

第1章で述べたように、生存の可能性が担保されていない生まれたての赤ちゃんは、自分のことだけしか考えません。これは典型的な利己主義です。

しかし、成長して個の生存の可能性が担保されてくると、周囲を自分より優先的に考え行動することも増えていきます。

生命原則は「個体として生き残り、種が繁栄するために行動する」ことですから、個体単位で利己主義だけを貫いても種の繁栄を達成できません。利己主義の延長線上にある利他主義として、他者のことも考えて行動することで集団としての生存につながり、結果として自分も生き延びることになります。他人のためだからといって利己主義を完全に捨ててしまうと自分が生き延びることはできず、それはひいては集団のためにもなりません。このように、利己主義と利他主義は相反するものではなく、利己主義を拡張して他人の利益も考えられるようになったものが利他主義であるといえます。

この考え方は、個人だけでなく人類全体にも当てはまります。人類が誕生した直後は、当然自分たちが絶滅しないよう、他の生物種を脅かしながら生活領域を広げていきます。しかし人類の存在が生態系の中で大きくなるにつれ、自分たちの行動が周囲に深刻な影響を与えるようになります。実際、人類の活動、特に産業革命以降の文明によって地球環境は変化しています。自分たちのことだけを考えて文明を発達させようとするのは、まさに利己主義です。

では、人類は利己主義を拡大させた利他主義を選択することは可能なのでしょうか。最近になってようやく、人類とその他生物とを切り分けるのではなく、人類も含めた生態系を持続的に発展させるためにはどうすればよいかという視点で物事が語られるようになってきました。

たとえば、国連が２０１５年に採択した「持続可能な開発目標（Sustainable Development Goals: SDGs）」では、貧困、飢餓、健康、教育、安全な水に対する開発途上国支援、クリーンエネルギー、さらには、気候変動対策、海洋資源の保全、陸上生態系の保護など国や企業に対する17の目標が掲げられています。ここでは人類だけでなく地球全体までもが各国・企業・個人の取り組みの視野に含まれます。これはいわば人類にとって、利己主義から利他主義への拡張ともみなせます。

利己から利他へと思考の視野を広げるためには、自分だけでなく、（将来的に自身にも影響を与えうる）周囲が現在どうなっていて、今後どうなるのが理想であるかを考えることが必要となります。このように、利己と利他の性質を生命原則に基づき客観的に理解することで、単に本能的、利己的なだけではない選択肢を、私たちは主観的に選ぶことができるようになります。

主観的な感情と客観的な情報のどちらを優先し生きるべきか

「生命原則を客観的に理解した上で主観を活かす思考法」が本書のテーマですが、主観的な感情と客観的な情報のどちらを優先すべきか、ということも重要な論点の一つです。自分の中から溢れる主観的な感情を大切にすることはもちろん大事ですが、かといって客観的な情報を無視して判断を見誤ることもよくあります。

遺伝子組換え食品に反対する人たちについて行われた研究を紹介しましょう。遺伝子組換え食品に強固に反対する人たちに、「どの程度正確な科学的情報を持っているか」を確かめるテストを行った結果、感情的に反対する人ほどテストの点数が低く、正確な情報を持っていないことが判明しました(9)。

また、これは私自身の経験に過ぎませんが、これまで遺伝子解析サービスを提供してきた中でも、「遺伝子検査なんて危ない」と反対する人ほど、遺伝子とは何かについての客観的で正確な情報を持っていないことが多いことも体感してきました。

仕事をする上でも、感情的な側面だけで意思決定を行う人は説得力も伴わず、結果としても失敗しがちですが、かといって、新規事業を始める場合に「やり遂げたい」という思いや感情を抜きに市場規模などの情報のみでスタートして、すぐに挫折してしまうケースも見受けられます。

では、どちらを優先すべきでしょうか。一般的に、感情と情報は相反する二つのものとして二者択一的に語られることが多いのですが、私は本来的には「どちらも十分に知った上で自分の行動を選択する」ことが重要だと考えています。本書の主張である「生命原則を客観的に理解した上で主観を活かす思考法」にもあるように、どちらかを切り捨てるのではなく、情報という客観的なものを理解した上で、感情という主観的なものをベースに行動を起こすことが大切です。

遺伝子組換え食品の例でいうと、客観的に遺伝子組換え食品とは何かという情報を得た上で、では自分はそれについてどう思うのかという感情も含めた上で、自らの考えを見いだすということです。

なぜ、感情と情報の両方が意思決定をするために重要なのか。それは、人間自体が両方の性質を兼ね備えた生物だからです。

1981年にノーベル化学賞を受賞した福井謙一氏がその翌年に出版した著書『化学と私』の中に、「人間は、生物的人間と科学的人間の二つの側面を持っている」という記述があります。ここでいう生物的人間とは、人間の持つ感覚や感情によって、自分の認識で世界を捉えていく側面を意味します。そして科学的人間とは、自分の持つ科学リテラシーによって世界を捉えていく側面を意味します。

この二つの側面は日常的に垣間見ることができます。遺伝子組換え食品の例でいうと、「何となく怖いから嫌だ」と考える生物的人間の側面と、「遺伝子組換え食品とはこういう性質のものだ」と考える科学的人間の側面が存在します。また、たとえば、ご飯を目の前にすると、「糖質はおいしいからいっぱい食べたい」と考える生物的人間の側面と、「糖質をたくさん摂ると糖尿病になりやすいから適量に抑えよう」と考える科学的人間の側面が両方とも現れます（図12）。

ジムなどで運動するときにも、「疲れるからあまりやりたくない」と考える生物的人間の側面、「ダイエットや健康に良いというデータがあるため続けよう」と考える科学的人間の側面の両方があります。

本来、人間が持つこの二つの側面は対等に存在するものです。しかし近年、科学が急速に発展する中で、この二つの側面の間に大きな差が生じています。

人間の生物的側面は変化のスピードが遅いのに対して、科学的側面はどんどん変化してきました。たとえば、天動説が信じられていた時代の大人よりも、地動説を受け入れている現代の小学生のほうが、科学について多くのことを知っています。日常生活では、「太陽が動いている」と感じてしまうのは仕方のないことですが、「地球のほうが回っている」という事実を認識しておくことは重要です。科学的側面がどんどん発展している時代に生きる私たちは、生物的側面が科学的側面の変化に追い付いていないことへの危機感を持っておく必要があります。言い換えれば、生物的人間が持つ感情と、科学的人間が持つ情報は、現代では必ずしも一致するわけではないことを肝

図12 | 生物的人間と科学的人間

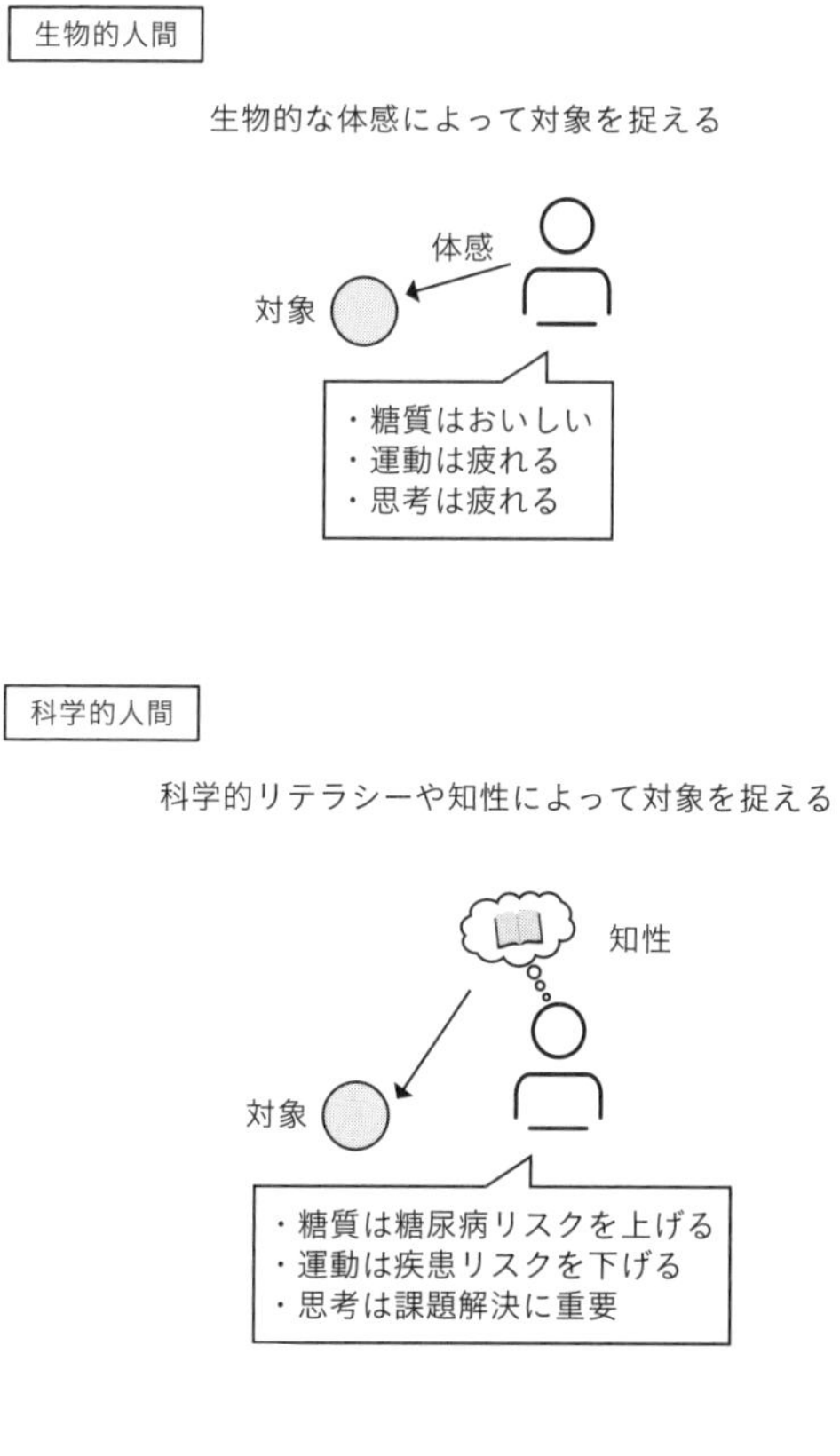
生物的人間
生物的な体感によって対象を捉える
体感
対象
・糖質はおいしい
・運動は疲れる
・思考は疲れる
科学的人間
科学的リテラシーや知性によって対象を捉える
知性
対象
・糖質は糖尿病リスクを上げる
・運動は疾患リスクを下げる
・思考は課題解決に重要

に銘じておかなければなりません。生物的人間が持つ感情のみで行動を起こすと、真実に基づいていないがゆえに正しい未来にたどり着くことがどんどん難しくなっていくのです。

では、人が持つ二つの性質である生物的人間と科学的人間の差を埋めることはできるのでしょうか。福井氏は著書の中で、両者の差を埋めるものもまた結局は科学であると述べています。ここでいう科学とは、科学的要素から作られたあらゆるツールを指します。たとえば、ヒトという生物についての科学的知識を得ること自体が、私たちの思考を変え、感覚的な生物的人間と科学的人間の差を埋めることとなります。

科学リテラシーを高め科学的人間として知性を持って対象を捉え、それでもなお生物的人間として感情（これは「情熱」や「動機」と表現してもよいのかもしれません）を持って行動を起こすことは自分にとっての幸福につながります。さらにいえば、そうして科学的知識を積み上げていくことは、人類全体の幸福な未来にもつながると私は信じています。

すべてをそぎ落とした後に残る主観こそ人類の本質

先ほど、感情と情報、言い換えれば主観と客観は両方とも大事（視野と同じく自由に選択できる能力こそが重要）であると書きました。これは個人の行動だけでなく、企業の経営にも当てはまる考え方です。ある新規事業を立ち上げる際、「これはおもしろそうだからどうしても挑戦したい」という感情的な面と、「その事業の市場規模はどれくらいだろうか、事業として成立するだろうか」などの情報と、両方を判断材料として決断することが求められます。

どちらかというと、ビジネスの世界で重視されがちなのは情報でしょう。もちろん、情報なしに会社経営が成り立つはずはなく、綿密なリサーチは欠かせません。大学などの研究機関でも、通常は先行研究という情報をもとに、「ここはまだ誰も手をつけておらず未開拓だから、この仮説に則って研究してみよう」と戦略を立てて研究を行います。

しかし会社経営において、情報を集めきって「これくらいの市場規模があるから新規事業を立ち上げ参入しましょう」と決めたところで、必ずしもうまくいくとは限りません。

なぜなら、情報をどんなに集めたところでその情報が完璧であることはないからです。情報を多く集めるに越したことはありませんが、すべての情報を集めることは現実的に不可能です。

そしてもう一つの理由は、この世界が不確かだからです。これまで以上に変化が激しい現代において、情報をもとに未来を正確に予測することはますます難しくなっています。今は正しいと思われていることが今後も正しいとは限らないし、逆に今は間違いと思われていることが実は正しいと判明することもあります。

このように周囲の環境が曖昧な状態でよりどころにすべきものは何かと考えると、結局最後には自分の内発的動機に行き着きます。情報を揃えるのが大事なのはもちろん大前提ですが、最後には、自分が「おもしろそうだ」、あるいは「後悔のないように挑戦したい」などの感情を持てるか、つまり主観の力が一番の推進力になると私は考えています。

私が起業したときも、個人向けの遺伝子解析という市場は日本にはほぼ存在しませんでした。その情報をもとに、起業に反対する人は多くいました。しかし私が踏み切ったのは、「生命科学、特にゲノム関連の研究成果を社会へ活かしながら研究自体も推進し、社会実装とサイエンスのシナジーを作ることで、どうしても社会の課題を解決したい」という感情があったからです。それは、客観的に説明できるものではなく、私がどうしてもやりたいからという主観そのものでした。

また、この原稿を書いている2020年は、新型コロナウイルスの世界的な感染流行によって、社会が大きく動きました。東京オリンピックが延期されたり、多くの人がテレワークで仕事をしたり、イベントや会合も基本的にはすべてオンライン上で完結したりするなど、産業やビジネスのあり方にも個人の生活様式にも、想定外の変化が生まれました。これらの変化について情報をつかむことも大事ですが、より大事なのは変わりゆく世界の中でも自分にとって変わらない主観的な軸は何かを発見することです。軸を発見できれば、また別の予測不可能な変化が起こっても、それでも生きていくことができます。

主観は、人によって大きく異なります。情報はその気になれば誰でも集めることができますが、そういった代替性の高いものを全部そぎ落としたとき、最後に残るものが主観です。この主観こそが、ＡＩに代替できないものです。ＡＩは、入力された情報のみをもとに判断を行うため、人が持つような主観はなく、だからこそ思い込みや勘違いなどを排除できる利点があります。一方の人間の本質は何かといえば、思い込みも含めた主観にこそあるのではないでしょうか。

主観の中には、他人には理解されにくいものもあるでしょう。たとえば、私は生命科学が好きで、生命科学こそがこれから人類がより良い未来に進むために必要なものだという信念に近い主観を持っていますが、世の中の全員がそう考えているとは思っていません。しかしだからこそ、その未来差分が私自身の推進力になっています。

個人の行動だけでなく、企業においても、経営理念や企業ミッションや企業文化は客観的な情報だけで説明できるものではなく、むしろこうありたいと願う主観的なものです。その主観的な信念が企業を強くし、他社が諦める場面でも諦めることなく挑戦できるエネルギーの源になります。

主観から生まれる「思考」こそ人類の希望である

個人の悩みや会社の課題とは、今行動を起こしたときと起こさなかったときとで生じる未来差分であると、この章で書きました。個人の悩みや会社の課題は、行動を起こすためのきっかけであり、そのきっかけは主観や思考から生まれます。悩みや課題があると感じていることすら、自分たちの主観であるともいえます。

自分の主観を見つけるためには、自分は何に興味があるのか、何が好きで、どんな未来を目指したいのか、ひたすら思考し行動することが必要となります。そもそも思考というのは、生物学的には多くのエネルギーを消費する行為です。すでに触れましたが、エネルギー効率を考えれば、生物は（思考しなくてもよい環境であれば）極力思考をしないことを無意識に選択します。

しかし、利己的な遺伝子にとらわれて思考を停止してしまうと、利己的な本能のままに争いは絶えず、貧富の格差は広がり貧困問題は悪化、人類の都合を優先するままに地球環境も悪化し、多くの問題は問題のまま放置され悪循環に陥ります。

何も行動をしなければ何も起こらないのではなく、秩序を失う方向に進みます。そうではなく、私たちが持つ利己的な遺伝子の性質を知り、それに抗って考え、行動していくことこそが、地球や宇宙を含めた私たちの世界をより良いものにするための希望となるのです。

第2章 まとめ

- 人類は**生命原則を知った上でそれに抗うことができる。**それが本書の主題である「生命原則を客観的に理解した上で主観を活かす」思考法
- 自ら未来に対して課題を設定できるということ自体が、生命原則に対して**極めて自由かつ主観的**であり、より良い未来に到達できるための原動力となる
- 私たちの時間に対する認識も、生命原則に基づいて不自由であるが、**時間の性質を知ることで自由な時間軸の認識を持つことができる**ようになる
- 快楽と幸福の違いは時間軸にある。**時間軸の違いを客観的に理解しコントロールする**ことで、本能的に快楽を求める以外の行動を選択できる
- 利己と利他は対立するのではなく、**利己が拡張されたものが利他である**と知ることで、単に本能的に利己的な行動を取る以外の選択肢を選べるようになる
- 主観的感情と客観的情報の性質を知ることで、単に感情的に生きるのではなく**科学的に知性を持って物事を捉えながらも、感情を持って行動を起こすことができる**
- 思考することは多くのエネルギーを消費する行為であるが、**他者とは異なる自分の主観でそれぞれが思考し、行動することこそが人類の希望**である

(1) Rigoni D, et al. Inducing disbelief in free will alters brain correlates of preconscious motor preparation: the brain minds whether we believe in free will or not. *Psychol Sci.* 2011;22(5):613-618.

(2) GBD 2015 Obesity Collaborators. Health Effects of Overweight and Obesity in 195 Countries over 25 Years. *N Engl J Med.* 2017;377(1):13-27.

(3) Hutchison CA 3rd, et al. Design and synthesis of a minimal bacterial genome. *Science.* 2016;351(6280):aad6253.

(4) セイコーホールディングス株式会社『セイコー時間白書2017』

(5) WHO『ASSESSMENT OF SUBJECTIVE WELL-BEING』

(6) Berridge KC, et al. Pleasure systems in the brain. Neuron. 2015;86(3):646-664.

(7) Johnson PM, et al. Dopamine D2 receptors in addiction-like reward dysfunction and compulsive eating in obese rats. *Nat Neurosci.* 2010;13(5):635-641.

(8) Twenge JM, et al. Media Use Is Linked to Lower Psychological Well-Being: Evidence from Three Datasets. *Psychiatr Q.* 2019;90(2):311-331.

(9) Fernbach PM, et al. Extreme opponents of genetically modified foods know the least but think they know the most. *Nat Hum Behav.* 2019;3(3):251-256.

第3章

一度きりの人生をどう生きるか

——個人への応用——

私たち人間は「個体として生き残り、種が繁栄するために行動する」という共通する生命原則に基づいて生きているため、どうしても考えが及ぶ空間的視野が狭くなったり、時間的視野も短期的になったりと視野のコントロールが難しい性質を持っていることを第1章に書きました。そして第2章では、その生命原則の性質を認識した上でなお意志に基づいて視野を自由に設定できることを述べました。

第3章では、その視野の設定を実際にどう個人の人生に応用できるかについて、主に私個人の経験による気づきや個人的な見解を書いていきます。読者のみなさんが生きる意味について考えたり、生きていく上でのモヤモヤを解消する場面などにおいてお役に立てば本望です。

覚悟は不確実な未来に対する「碇」

私自身は、「研究成果を活かしながら事業を創り、結果的にその事業によって研究自体も加速させる仕組みを作り、サイエンスと事業のシナジー効果を生みたい」という理想を掲げてゲノム解析サービスを起業しましたが、多くの起業家がそうであるように、これまで多くの葛藤を抱えてきました。

起業するときは何のビジネス経験も実績もなかったため、投資家たちから「君のような研究者タイプの人が起業したら巻き込まれた人が不幸になる」「君には到底無理だ」というようなことを繰り返し言われ続けてきました。挑戦しては否定される中で、自分の理想は信じながらも「これは本当にいい意思決定なのか」「ものすごく間違っている方向に進んでいるのではないか」など、何度も葛藤し、自問自答してきました。

正解がわからない中で決断を下す以上、過去の選択が正しかったのだろうかと葛藤することは避けられないように思えます。しかし、私は自分と同じ状況にもかかわらず葛藤をまったく持たない人がいることに気がつきました。

彼らを観察することで見えてきた特徴、それは「目指したいものに対して覚悟を決めている人は、葛藤しない」ということです。では、覚悟とは一体何なのでしょうか。

私が考える覚悟とは、「不確定で曖昧な未来に対して、どうなっても絶対に後悔しないと最初に決め抜いておくための、碇のようなもの」です。大切なことは、「最初に決めておく」という時間軸です（図13）。

はじめに「これをやり切るまでは中途の過程で何があっても後悔しない、なぜなら自分がそう決めたから」と覚悟を決めたならば、葛藤はそもそも生じません。言い換えれば「未来を見据えた上で、ある段階で過去の決断を改竄しないと決めること」が覚悟であるとも言えます。


自分の下した決断について葛藤することがあまりないと言う経営者や研究者は、「これを達成するまでは絶対に迷わないし後悔しない」と考え抜いた上で先に決め、覚悟を持っている人がほとんどです。スポーツ選手が試合後のインタビューで、「自分にできることはやり切ったので何も悔いはないです」と清々しく言い切れるのも、同じ現象です。不確定な未来に対して、途中でどんな結果が出ても理想にたどり着くまでは後悔しないと先に心に決めているのです。

逆に、覚悟を決めずにいると、「あのときの判断は正しかったのだろうか」「自分は正しい方向に進んでいるのだろうか」と後から葛藤したり悩んだりすることになりま

図13　覚悟と時間軸の関係

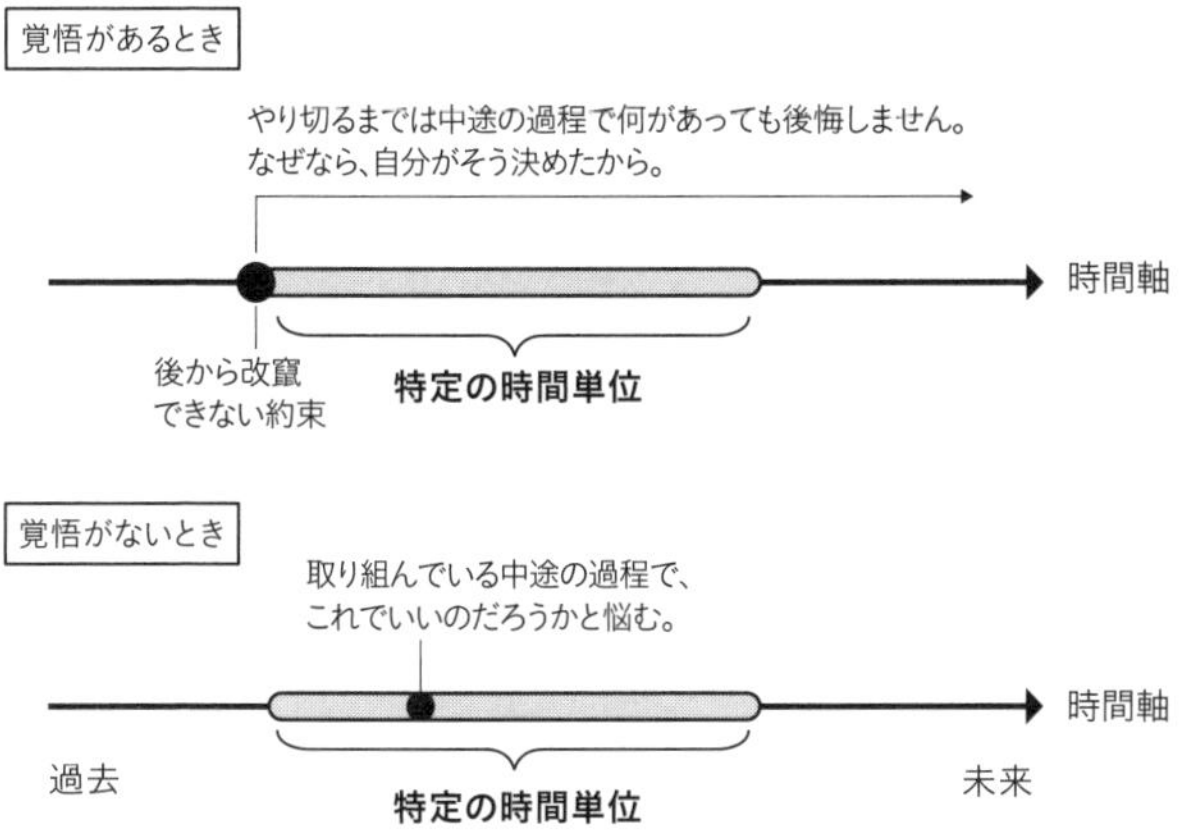

覚悟があるとき
やり切るまでは中途の過程で何があっても後悔しません。
なぜなら、自分がそう決めたから。
時間軸
後から改竄
できない約束
特定の時間単位
覚悟がないとき
取り組んでいる中途の過程で、
これでいいのだろうかと悩む。
時間軸
過去
未来
特定の時間単位

す。覚悟が不確定な未来に向いている性質を持つのと異なり、覚悟がないことで生じる葛藤や悩みは「あのときの判断は正しかったのだろうか」「自分は正しい方向に進んでいるのだろうか」と現在または過去のほうを向いているのが大きな違いです。「あのときああすればよかった」、つまり過去を改竄できるなら改竄したいという無駄な思考が増えてしまいます。

そもそも、ほとんどの未来は不確定であるという前提に立てば、正解を選択できているか葛藤するよりも、自分で選択した道を正解にすると決め切るほうがよいはずです。

身近な例を挙げれば、仕事で新たなプロダクトを作るとき、「このような設計でいいのだろうか」と悩むときがあるかもしれません。研究者であれば、「このような研究をしていて成果が出るのだろうか」と思うときも、他人の才能を目の当たりにして「自分の立ち位置はこれでよいのだろうか」と疑懼するときもあるでしょう。

自分が最善だと考えた方針で作ってみるまでは途中であれこれ悩まないことを決めておく、一旦ここまで研究をやり切るまでは成果が出るかどうかで不安にならないことを決めておく、他人の才能を目の当たりにしても自分の価値が否定されるものではないと決めておくなど、考え抜き、覚悟を決めていれば、たとえどのような状況だとしても凛として対峙することができます。

今日一日の過ごし方から人生の大きな選択まで、事業も研究も職業選択も結婚も生き方も、すべて同じです。後から悶々と悩むよりは、「これは絶対やり切る」「それでダメでも後悔しない」と先に決め切っておくと、自分に胸を張って清々しく挑戦ができます。

少し補足すると、「時間条件を区切っておく」ことは重要です。というのも、実際には事業も研究も職業選択も結婚も生き方も、環境が変化し、あるいは情報が増え、自分も成長し、価値基準そのものが書き換わってしまうことによって当初決めた覚悟の根拠が薄れることは当然ありえます。その前提で、たとえば職業選択にあたっても「1年間はここで頑張ることを決めておく」、起業するときに「少なくとも5年間は諦めないことを決めておく」など時間条件をつけておくとよいです。

先に決めた決意に則って行動すれば、悶々と懊悩することは少なくなります。なぜなら、自分が先にそう決めたからです。

ただ、意識しないと時間軸を自由に設定できないように、現実には、覚悟もまた無意識にできるものではありません。

よほど重要な日ではない限り、「今日を絶対後悔しない一日にしよう」と大きな覚悟を持って臨む人は多くはありません。たとえば私は、これからの1時間の打ち合わせは時間の無駄だったなどと後悔しないようにする、これから2時間の作業は非効率だったなと後悔しないようにする、というとても小さな覚悟を積み重ねることで集中力を上げたり時間の使い方を後から悩んだりしないよう普段から心掛けています。覚悟というと大げさに聞こえますが、「後から改竄できない小さな約束事」くらいに捉えてもよいと思います。覚悟は、小さなものから大きなものまで、客観的に定義できるものではなく、自分の心で決めるものです。

覚悟は、まるでブロックチェーンのように、後からは改竄できない小さな約束を一つずつ刻んで未来へと繋がっていきます。それは、誰にも改竄されないし奪うことのできないもの。覚悟とは、いつだって自由なものなのです。

主観が見つからなければカオスに身を置け

覚悟を決めるかどうか以前に、覚悟を決めてまで行動を起こすほどの目標が見つからない、という人もいると思います。本書の「生命原則を客観的に理解した上で主観を活かす思考法」では、客観的な理解と同時に主観的な行動も重視しているのですが、明確な自分の主観がわからない、もっと平たく言えば「やりたいことが見つからない」と悩む人もいることでしょう。

もちろん、「明確に進みたい方向があり覚悟を持っている人についていく」ことが得意という人もいるので、そのような人に無理に「自分だけの主観を持て」と言いたいわけではありません。ただ、視点を変えれば、そのような人は「『覚悟を持っている人についていく』という覚悟」を持っていることに気づきます。

もし「主観的な意志を持ちたいけどどうすればいいのかわからない」という人に向けて私がアドバイスするとしたら、「カオスな環境に身を置くべきだ」と伝えます。カオスとは混沌という意味で、「秩序がなく、予測が不可能な環境」と表現できます。予測が不可能というのは、理不尽と言い換えてもよいでしょう。予測できない環境の中で理不尽に思えることに直面したときにこそ、自分が何を求めているのかについての認識が深まり、初めて理想とする世界を決めることができます。

たとえば、私の周囲の起業家に聞いてみても、東日本大震災で感じた自分の非力さをきっかけに起業したり、難病で生死の境をさまよった経験から「人生をかけてこの仕事をやり遂げたい」とあらためて気づいたりする人もいます。これらはカオスな経験としてはわかりやすいですが、もう少し現実的でかつ個人の意志で身を置くことができるカオスの例としては、「達成できるかどうかわからないほど難しいことや難しい環境に挑戦すること」をおすすめします。私にとっての起業がそうでしたが、カオスな体験をしたからこそ自分の主観的な命題に気づくことができたという人は多くいます。

規則正しく流れ、どこにたどり着くかわかっている清流であれば、意志を持たず流れに身を任せても何の問題もないかもしれません。しかし、どこへ行き着くかもわからない大海にいるのであれば、羅針盤は必要不可欠となります。カオスな環境では、他力本願では行きたいところへ行けません。自然と、自分だけの羅針盤、つまり主観を持てるようになります。

カオスで予測不可能な環境に置かれると、「なぜ予測できない方向に向かってしまうのか」「なぜこんな理不尽な目にあわないといけないのか」「なぜ世の中はこうなっているのか」など疑問が生まれるようになります。カオスであればあるほど、疑問は生まれやすくなり、ひいては主観につながります。逆に、自分が希望する世界がすでに実現している環境にいるうちは、なかなか疑問は生まれません（図14）。

| 図14 | カオスな環境と主観の関係

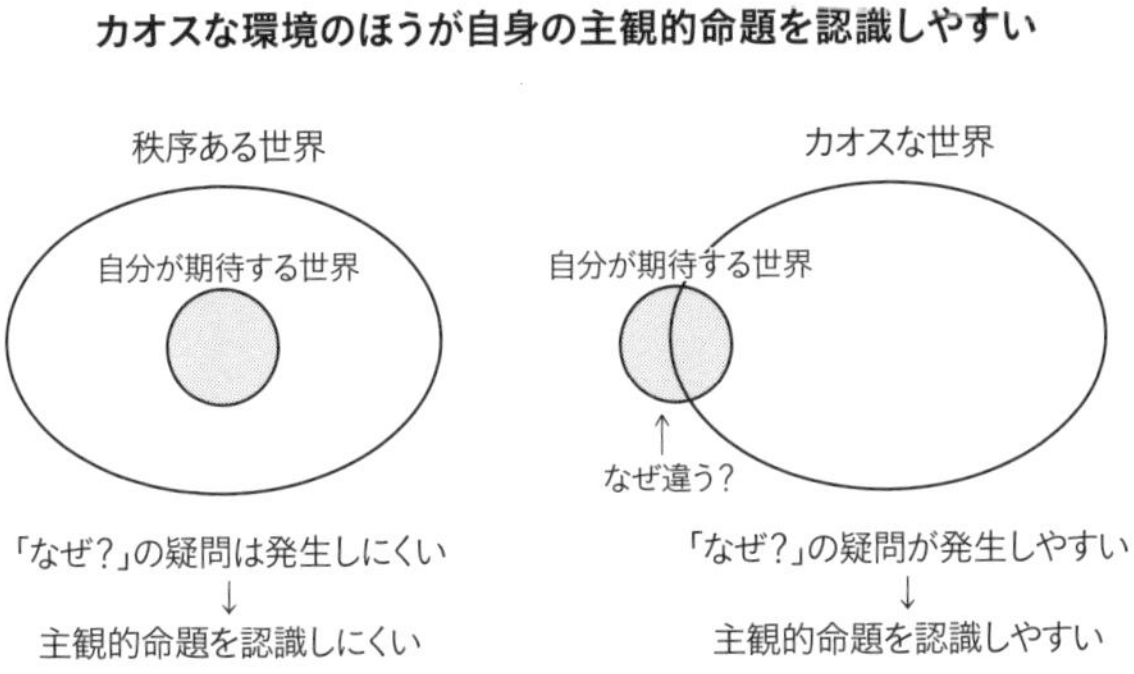
カオスな環境のほうが自身の主観的命題を認識しやすい
秩序ある世界
自分が期待する世界
「なぜ?」の疑問は発生しにくい
↓
主観的命題を認識しにくい
カオスな世界
自分が期待する世界
↑
なぜ違う?
「なぜ?」の疑問が発生しやすい
↓
主観的命題を認識しやすい

「なぜ」という言葉から始まる疑問はとても重要だと私は考えています。5W1H(WHO、WHEN、WHERE、WHAT、WHY、HOW)のうち、WHY以外の5つは客観的な視点から疑問が生じえます。一方、「なぜ」に当たるWHYだけが、自分に関わる、とてつもなく主観的なものです。「なぜ」から始まる疑問は、社会ではなく自分の主観に紐づいています。

たとえば、「今は超高齢化社会だ」ということは主観抜きで客観的に話せますが、「なぜ超高齢化社会になっているのか」と感じた瞬間に、非常に主観的な考え方が生まれます。ある人は「超高齢化社会にならないためにはどうすればいいか」と考えるかもしれませんし、ある人は「超高齢化社会で起こり得る問題を解決したい」と考えるかもしれません。

「なぜ」が発生した瞬間、その問いに対する思考に主観が生まれます。「なぜ」という疑問を設定することで主観的な命題に気づくことができ、何を目指したいのか、そのために自分はどう行動すべきかという「自分軸」が発生します。

「なぜ」は、5W1Hの中で唯一主観に基づくものであり、他には代替できない「自分軸」、つまり自分独自の行動指針を形成する要素となります。

やりたいことが見つからない人も、今自分が置かれている環境が辛いという人も、「なぜ」の問いを積み重ねていくことで、能動的に信念を固めていけるようになります。「なぜ自分は今の道を進んでいるのか」「なぜ自分は今の環境が辛いのか」などの「なぜ」を積み重ねて生まれてくる主観は他の誰にも否定されない、他の何物にも代替できない貴重な命題となり、それがカオスな世界を突き進む糧になります。

いつかくる未来のために生き続けることの虚しさ

覚悟と時間軸の関係性について書きましたが、同じ時間軸の話でもう一つ伝えておきたいことがあります。

どのような未来を思い描くかは人によって異なりますが、未来のために努力するのは必ずしも楽なことではありません。むしろ辛いことも多くあります。より良い未来に向かおうと思っているのに辛い状態が続くと、「この辛さはいつまで続くのだろう、もしかしたら一生続くのではないか、そうなったらより良い未来にいつまでもたどり着けない」と、絶望してしまうかもしれません。

私は子どもの頃から、現在を楽しむより、「今は辛くても未来のために努力することを選択する」という考え方からなかなか離れることができませんでした。勉強や部活動なども、「未来が報われるためには今辛くていい」と考えていました。しかし、いつ報われるかは誰にもわかりませんし、常にその考え方でいる限り、未来は一生来ないと気づき、絶望したこともあります（このことは拙著『ゲノム解析は「私」の世界をどう変えるのか？』でも書きました）。

そんなときに出会い、自分の中でとても腑に落ちたのがフリードリヒ・ニーチェの、「過去が現在に影響を与えるように、未来も現在に影響を与える」という言葉でした。

この言葉によって、未来が未来であるということ自体が現在を構成している要素の一つである、つまり私自身が現在を生きていながら常に一部は未来を生きていることになると知り、生きるのがとても楽になりました。

たとえば、桜が刹那的で美しいと感じるのは、わずかな間で散ってしまうことを知っているからです。「わずかな間で散る」という未来を認知しているからこそ、「今が美しい」という感性がより一層際立って生まれます。もし、桜が永遠に花を咲かせるものだとしたら、桜に感じる美しさはまた変わってくるでしょう。

また、人の人生でいうと、自分が将来２００歳まで生きると知るのと、余命１ヵ月であるのを知るのとでは、「現在」の過ごし方をどう選択するかは変わってきます。未来を思い描くことは、現在を恐ろしいほどに変化させます。

私はニーチェの言葉と出会い、未来を含んだ時間的視野で現在を捉えれば、現在は

｜図15｜ 現在は未来の一部である

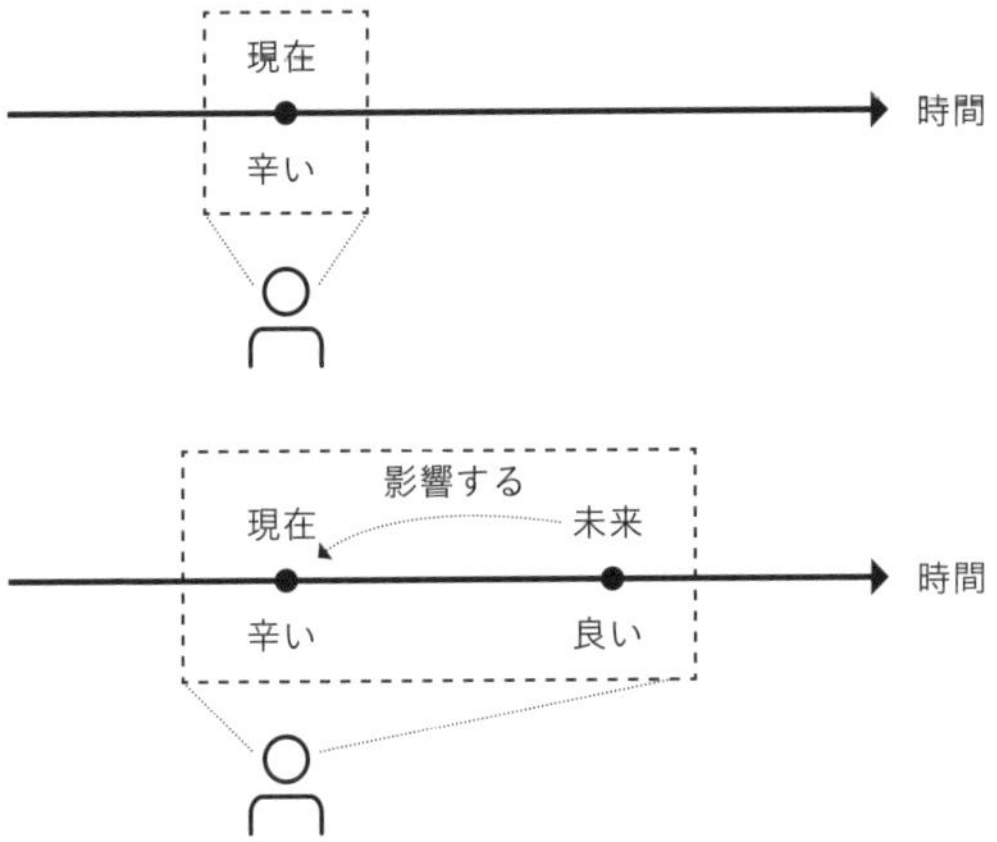

未来の一部である、未来がより良いものであるならば現在もまた明るい、と思えるようになりました（図15）。
今は辛いが、未来は幸福であるという分断された考えを持つのではなく、時間的視野を広げ現在と未来を同時に見て、その上で現在何をすべきかと思考をし続けることが大事であると、自分の中で納得がいったのです。
今辛い思いをしながら努力するとしても、努力した先に良い未来があるのか絶望的な未来があるのかで、現在の生き方も変わります。主体的により良い未来を思い描き現在と繋げて考えるという思考の仕方を身に着けることで、現在をより良いものにできるということです。思考の仕方は後天的に獲得可能なのです。

私の場合、特に大学で研究を行うようになってから、思考すること自体は私にとって日常的なものでした。生命科学の研究では、現在までにわかっていることを論文から読み取り、そこにある「なぜこれはこうなるのだろう」という疑問から自分だけの仮説を立て（まさに「主観」です）、その仮説を検証するための実験デザインを考え、実際に実験を行い、その結果から何を導き出すことができるかを考察します。実験を行う段階では手を動かす作業がメインになりますが、それ以外は思考の連続です。

そして、起業してからは、研究だけでなく、社会のために何をすればよいのかということについても考えるようになりました。現在の仕事のことだけではなく、環境が変わり、生命科学が今よりも発展した先の会社や社会のあるべき未来を考え、その未来に繋がっていく（未来の一部である）現在では何に取り組むべきかと、時間的・空間的視野を広げて思考するようになりました。

「自分は考えるのが苦手」や「先を見通す能力がない」と思う人もいるかもしれませ

んが、思考は、思考せざるを得ない環境に身を置くことで後天的に獲得できるものです。私たちの身体の中でも、特に脳には可塑性が存在し、私たちを取り巻く環境に合わせてシナプスが形成されることがわかっています。たとえばラットの研究では、脳の発達は生まれ持ったものや幼少期だけで決まっているわけではなく、大人になっても環境次第で変わることが示されています(1)。

思考を深めるには、生まれ持ったものよりも、どのような環境に身を置くかのほうが大事です。だからこそ、考え抜かないといけないカオスな状況は自分の思考を形作るのに有効なのです。

情熱は後天的に獲得可能である

より良い未来を目指して覚悟を決めるとき、もう一つ大切なのが「情熱」です。あらゆる分野において最先端にいる人たちは、情熱に満ち溢れています。しかし、情熱というものは、意外とコントロールして湧き上がらせるのが難しいものです。

情熱が湧かないということは、決めた覚悟や、思い描く未来は、その程度のものなのでしょうか。情熱がなければ行動に移すことは難しいのでしょうか。

答えから先に書いてしまうと、情熱があるから行動が起こるのではなく、行動することで情熱が湧いてくるものだと私は考えています。

脳科学や神経科学が専門の東京大学・池谷裕二教授も、「人間は、行動を起こすから『やる気』が出てくる生き物」「面倒なときほどあれこれ考えずに、さっさと始めてしまえばいい」と述べています。実際、脳の中でやる気に関係する淡蒼球という場所は、体を動かすことで活性化するという研究成果があります(2)。ここで出てきた「やる気」を「情熱」にそのまま置き換えれば、まずは動き出すことで自然と情熱が湧いてくると理解できます。

私自身も、しばしばインタビューで「何がきっかけで生命科学に情熱が芽生えたのですか」という質問を受けるのですが、何かのタイミングで唐突に情熱が目覚めたわけではありません。高校で勉強して、大学で研究をしていくうちに、生命科学という分野の素晴らしさに触れ、自分が関わることで少しでも新しい世界が見えてくるのではないかと思うようになり、自然と情熱が湧いてきたというのが事実です。

　また、起業したときも、最初から情熱を持っていたわけではありません。今のジーンクエストを立ち上げる前、実はゲノム関連のデータ解析を受託する会社を設立したのですが、一人ですべてやっていくうちに「チームで仕組みを作り、より大きな事業をやりたい」という情熱が湧き出てきました。行動することで初めて見えてくるものがあったり、やりたいことが出てきたりするものがあったりと、結果的に情熱が生まれてくるのです。

　この「情熱」とは一体何なのか。いろいろな人に話を聞いて、情熱を持つ人に共通するものは何か、情熱を構成する要素には何があるのかと自分なりに考えてみたことがあります。

　その結果、情熱の源泉には二つあるのではないかと思い至るようになりました。それは、「行動を起こした結果想定される良い未来と、現状のまま行動を起こさなかったときの未来との間の差分の大きさ」と、「良い未来に向けて行動するときの初速」です。

| 図7（再掲） | 情熱の源泉のイメージ

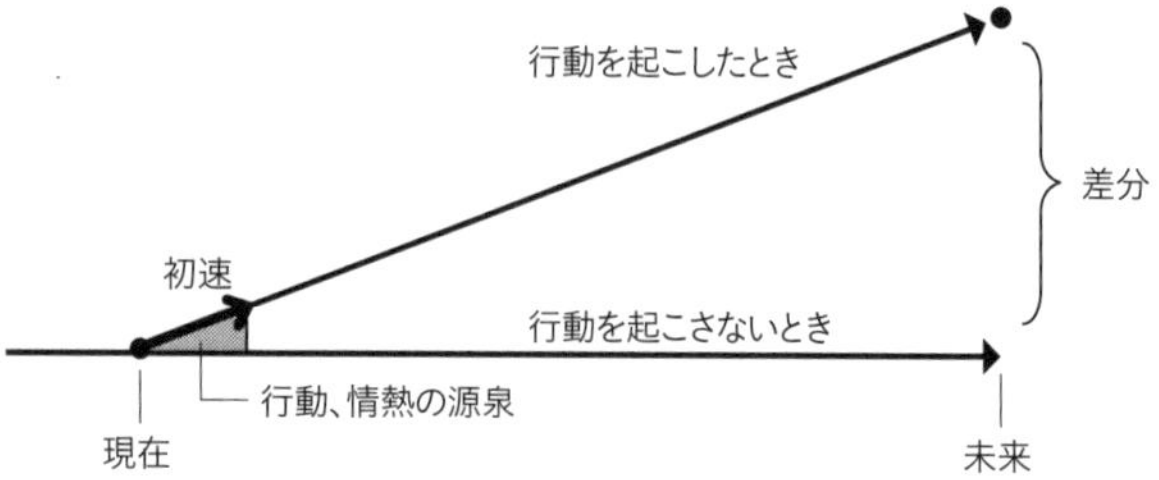

第1の「行動を起こした結果想定される良い未来と、現状のまま行動を起こさなかったときの未来との間の差分の大きさ」とは、第2章で書いた未来差分のことです（図7）。未来差分とは、行動を起こさないままのときと行動を起こしたときの未来における変化であり、未来差分を意識することは、そのまま課題を認識することにつながります。

しかし、未来差分を描いたとしても、行動を起こさなければ何も変わりません。そのとき、どれくらいの速度で始めるかという「初速」こそが、どれくらい早く、あるいはどれくらい大きく未来を変えるかを決める因子となります。

未来差分の大きさと良い未来に向かって動き出す初速の掛け算、いわば積分量が情熱の源泉であると、私は考えています。私が起業したときのように、まずは行動を起こすことによって初めて未来差分が見つかったり、どれくらいのスピードで行動を起こせばよいのか考えたりするようになります。これこそが情熱なのです。

情熱が未来差分の大きさと初速の掛け算であるならば、どちらか一方がゼロであれば、情熱は生まれないことになります。

たとえば、理想を語るだけで行動しない人を「意識高い系」と揶揄することがあります。この場合は、未来差分の大きさは認識できているものの、動き出さないために初速がゼロであるため、情熱もまたゼロとなってしまいます。

また、初速はそこそこ出していても、未来差分が認識できていないと、やがて情熱が失われてしまいます。たとえば、企業の経営者で、毎日スケジュールが埋まっていて目の前の仕事をさばくことしかやっていない人から情熱を感じ取ることができないのは、初速で走り出した慣性で行動しているだけで、未来差分を認識することができなくなってしまったためだと説明できます。

もし最近、情熱が湧かないな、と感じる人がいたら、未来差分を見失っているか、初速を出していないかのどちらかが原因です(図16)。情熱を取り戻すためには、情熱がある人のそばに行って未来差分を認識するようにするか、思い切って何かの行動を起こして初速を出してみるかのどちらかを試すことをおすすめします。

行動といっても、大きなものでなくてもかまいません。たとえば、アート作品に触れるだけでも感受性が高まり、アート以外のものを見たときにも今までと違うことを感じ取れるかもしれません。ちなみに私の場合、論文を読むと情熱が湧いてきます。「こういう発想でこういう実験をする天才が世の中にはこんなにもいっぱいいるのか」と感動し、時間的・空間的視野が一気に広がる感覚を覚えます。

人はいずれにせよ努力せずに生きられない

未来差分を認識し、覚悟を決め、初速を持って行動を起こすには、相当の努力が求

| 図16 | 情熱＝初速×未来差分

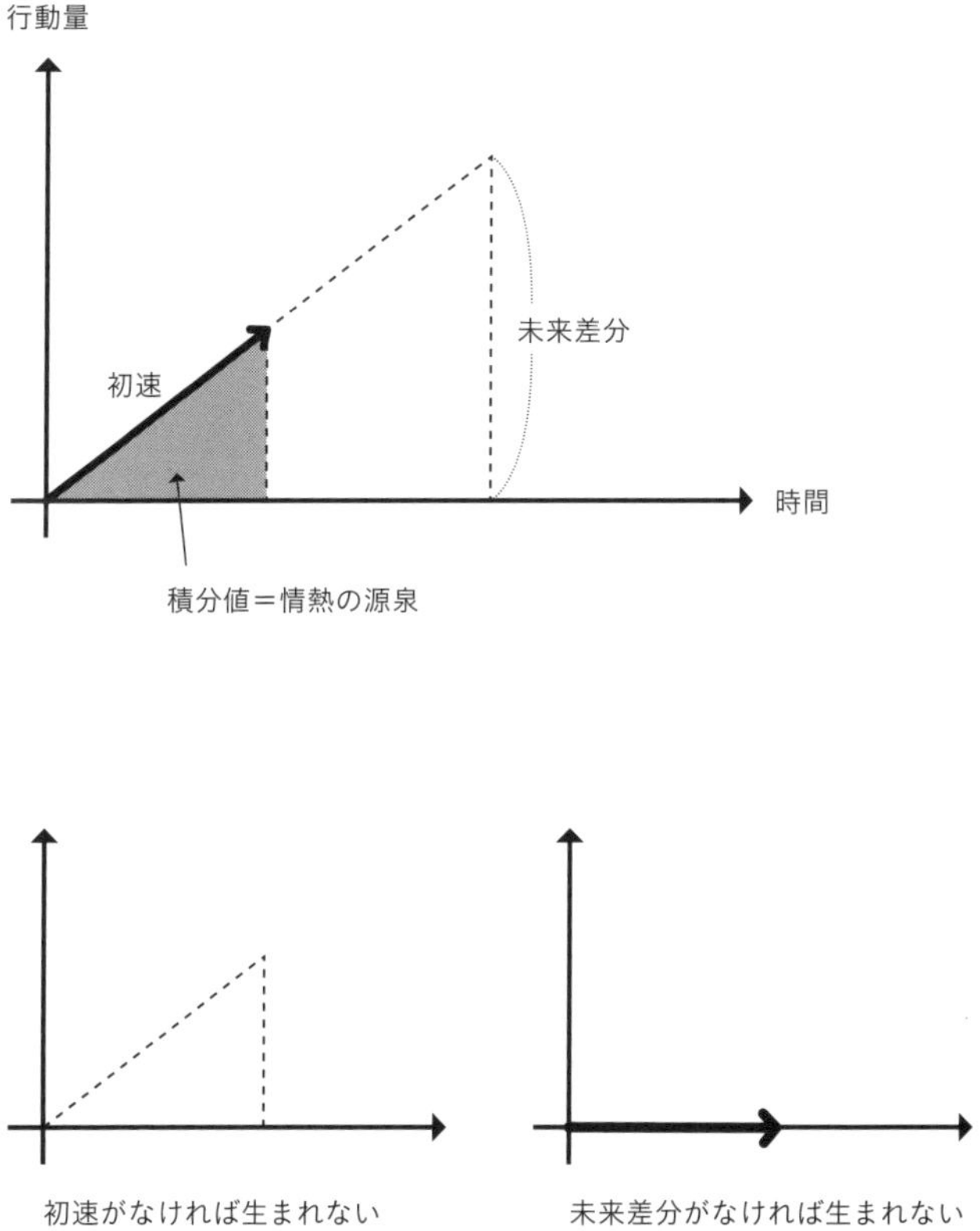

められます。しかし、努力はエネルギー消費を伴うため、できるなら努力せずに楽に生きたほうが生物的には効率が良さそうなものです。

ただ残念ながら、努力せずに生きることはできません。なぜなら、この宇宙は乱雑になるよう変化する性質をはらんでいるからです。私たちを取り巻く宇宙の性質は、残念ながらヒトが努力せずとも生き延びて種として繁栄していけるシステムにはなっていません。

ここで重要な「宇宙の性質」の一つ、「エントロピー増大則」について紹介しましょう。物理学では、乱雑さの程度を「エントロピー」という用語で表します。何もしないと次第にエントロピーが増大する方向に物事が変化することは宇宙の原則の一つで、これを「エントロピー増大則」といいます。

たとえば、コーヒーにミルクを入れるとかき混ぜなくてもミルクが自然に混ざって均一になるように、基本的に一つの形状を保つことはこの宇宙にとっては不自然なことです。コーヒーとミルクが分離されている状態は放っておくと維持できませんし、混ざった状態のコーヒーミルクを放っておいてコーヒーとミルクに分離されることもありません（図17・18）。

｜図17｜　エントロピーは増大する方向に進む

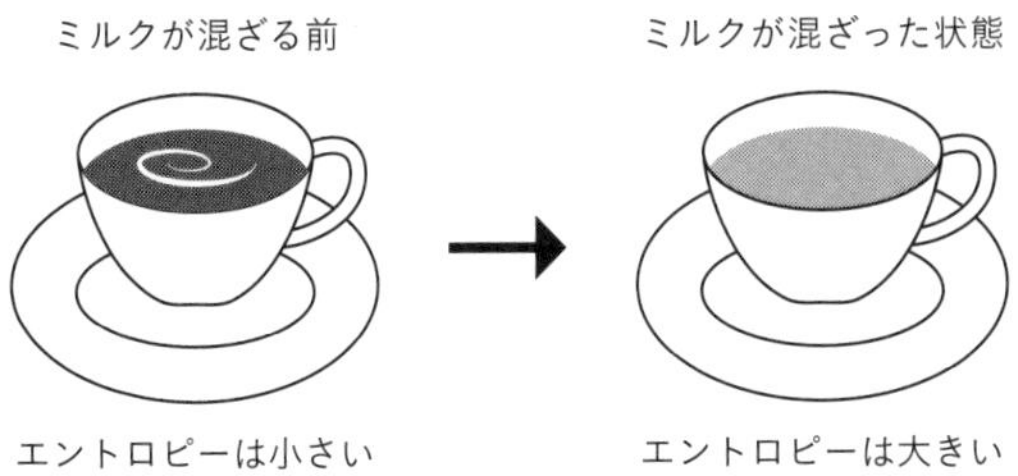

｜図18｜　エントロピーとエネルギー

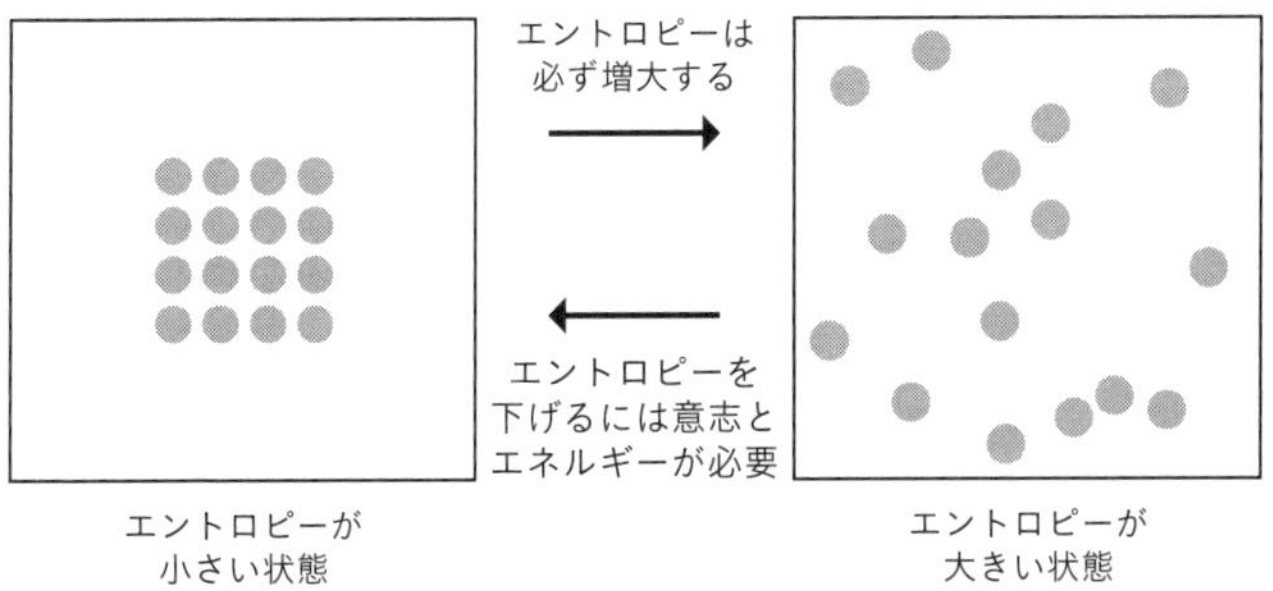

この宇宙の一部である生命もまた、エントロピー増大則から逃れることはできません。そう考えれば、人間が80年近く個体を保つことができることすら、不思議に思えてくるのではないでしょうか。スーパーで買ったお肉と私たちの身体は、含まれている分子の種類という観点ではほとんど同じです。通常、エントロピーは必ず増大するという法則によって、物体は時の経過とともに崩壊して平衡状態に至ります。スーパーで買ったお肉を常温で保存すると、1週間ももたず腐って形がなくなっていくのも、エントロピーが増大していく過程です。しかし、含まれている分子は大差がないのに、私たちの身体は数十年も体を維持できます。この違いは何なのでしょうか。言い換えれば、生命が生命たる状態を維持する仕組みとは何なのでしょうか。

この生命の特徴について、物理学者のシュレーディンガーは著作『生命とは何か』の中で、生命とは「負のエントロピー」を食べるものだ、と説明しています。生命だけが代謝によってエントロピーを排除し秩序を保っている。まるで「負のエントロピー」を食べているかのようだ、と。

もちろん生命も最終的には死んで周りの環境と一体化するため、長い時間のスパンで捉えれば、生命もエントロピー増大則に従っているといえます。しかし、生命が生きている間には、生きていない身体が同じ条件下で維持される期間よりもはるかに長い期間維持されます（第2章の時間の概念のところでもお伝えしたことのおさらいです）。

生きて身体を維持している間、生物はまったく変化せずに身体を維持しているわけではなく、常にエネルギーを摂取し細胞を入れ替えて、常に変化しながら、結果として「変わっていないように見える」ようにしているのです。

物理学や化学の分野では、ある化学反応が双方向に起きており、その速度が両方向で等しいとき、化学反応が起きていても全体としては変化が起きていないように見えます。単純にバランスが取れていることを「平衡状態」といいますが、「化学反応が起きながら流動的に平衡状態を保っている」ニュアンスを取り込んだのが、第2章でもご紹介した「動的平衡」です（図19）。

生命は、まさに動的平衡状態にある存在です。皮膚の細胞がはがれて垢ができるのは、同じ量の細胞が皮膚の奥で作られて補充されているからです。いつまでも同じ細胞が表面にいては、たとえば紫外線の影響を受けてＤＮＡが損傷し、がんになるなど異常を引き起こしてしまいます。

常にエントロピーが増大する宇宙において、動きながら、常に変化しながら平衡をとるのが生命です。そのため、常に新しい細胞を作り続けるという、一見無駄に見えて実は理にかなった行動をしているのです（老化という現象は生命の平衡状態を維持するより速くエントロピーが増大していく現象です）。

さて、生命はエントロピー増大に巻き込まれないようにエネルギー消費を伴って自らを維持していると書きましたが、言い換えれば生命はエネルギーを代謝して維持していくための「努力」をしているのです。

すべての生命はエネルギーを消費しながら新たにエネルギーを確保しています。あらゆる動物は食料を確保するために多くのエネルギーを消費しています。これを「努力」と言い換えてもいいでしょう。

つまり、私の考えでは、努力の定義とは「放置状態を回避するために、積極的なエネルギー消費を伴う行為」です。

| 図19 | 平衡状態と動的平衡

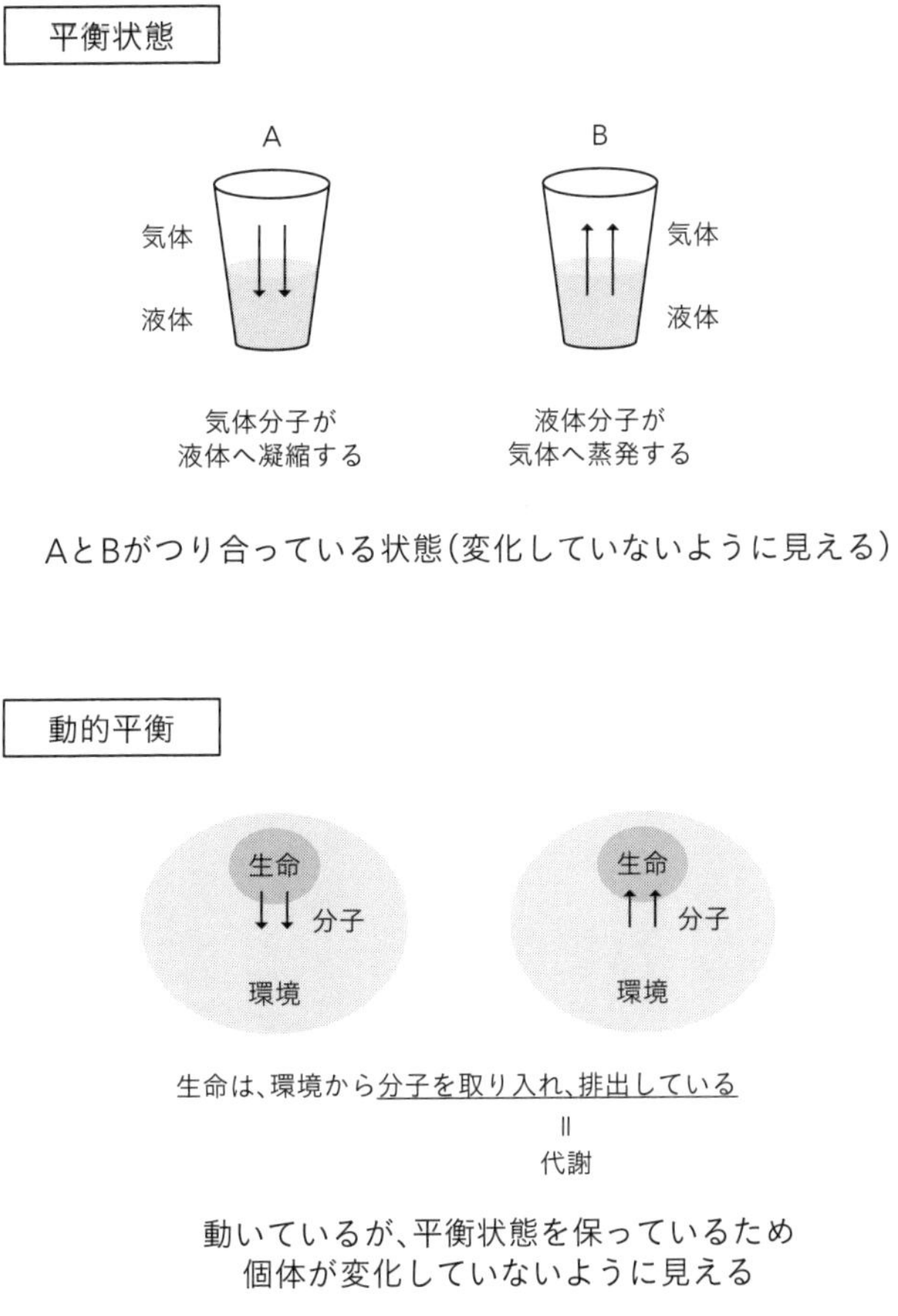
平衡状態
A
B
気体
液体
気体
液体
気体分子が
液体へ凝縮する
液体分子が
気体へ蒸発する
AとBがつり合っている状態(変化していないように見える)
動的平衡
生命
分子
環境
生命
分子
環境
生命は、環境から分子を取り入れ、排出している
=
代謝
動いているが、平衡状態を保っているため
個体が変化していないように見える

エントロピー増大によって放置していると無秩序になっていく私たち個体も、努力して積極的なエネルギー消費を伴いながら食い扶持を確保して、生命を維持していく必要があります。

本節のテーマである「なぜヒトは努力しないといけないのか?」という問いへの答えは、宇宙にとっての平衡(エントロピー増大)と私たちの個体にとっての平衡(エントロピー減少)が異なるため、積極的にエネルギーを使って行動しないと個体としての形を保つことができないから、です。

また、これは単純に身体を維持するという話にとどまりません。DNAのコピーミスでがん細胞ができるのも生命にとってのエントロピー増大で、戦争が起こるのも国にとってのエントロピー増大と言えます。そのエントロピー増大に対してエネルギー消費を伴った行動によって秩序を与えていくことで、DNAコピーミスの修復機構ができたり、国際政治によって戦争を回避できたりします。どんなに大きな企業であったとしても常に努力しないといけないのは、継続するためにはエネルギーを使って行動しないとエントロピー増大に巻き込まれて崩壊してしまうためです。

第2章で意志の重要性についても言及した理由の一つは、私たちを取り巻く環境のエントロピーが増大しようとする中で動的平衡を保つには、どこを目指すかが極めて重要となるからです。なぜなら、何も目指さないと何も起こらないのではなく、無秩序度が増大し崩壊してしまうから、そして崩壊を阻止するためのエネルギーは有限だからです。エントロピーは無限（または無限に近い）に増大しますが、その状態に秩序を与えるために要するエネルギーは人でも企業でも国でも有限であるため、そのエネルギーをどこに投入するかを意志を持って決めることが重要となります。

私たちは生きていくために努力しなければいけませんが、逆にいえば、シュレーディンガーも言うように私たち生命というのは、エネルギーを使ってエントロピーの増大に抗える唯一の存在です。人間は生命維持のために必ず努力する必要があります。であれば、「努力しなければいけない」と嘆くよりは、限られたエネルギーを使って、「何に向かって意図して積極的なエネルギー消費行為を行うのか？」を主体的に考えていくほうがより充実した努力になると私は考えています。

企業においても同じで、明確に進む道を決めなければ、組織にとってのエントロピーは増大していくだけです。何もしなければ何も起こらないのではなく、何もしなければ組織が崩壊したり、市場環境が変化してビジネスモデルが通用しなくなったり、企業として継続が難しくなったりして崩壊していきます。

そのエントロピー増大に抗って行きたい方向に進めるためには、エネルギーを使って秩序を与えていくこと（たとえば、大きくなる組織に合わせて組織のルールを変えていくことや、市場環境の変化に合わせてビジネスモデルも洗練させていくこと）が必要ですが、そのエネルギーとなるリソースは常に有限です。生命が、動的平衡という仕組みを使ってエネルギー消費をしながら自分の体を維持しているように、企業の変革も資金や人といったエネルギーを必要とします。

そのため、自身の意志を明確にして、エントロピー増大に抗うためにどんな努力をするか、つまり有限なエネルギーをどこに割くべきかを優先して考えるべきです。

生命も企業も、一瞬安定したとしても、必ずすぐに変化してしまいます。エントロピーは必ず増大するからこそ、「変化すること」だけがいつも変わらないのです。

命を失うことと、命を燃やすことの違い

すべての生命は、いずれ死を迎えます。たとえば30年生きたとすれば、30年分の命はすでになくなっており、当然ながら取り戻すことはできません。

生物的には、30年分のエネルギーを消費したという意味で大きな違いはありませんが、個人の人生にとっては、果たしてその時間を使って命を燃やしたのか、命を失ったのか、が大きな問題となります。命ほど大切で尊いものはありません。その大切な命の一部分を燃やして、炎が発する光や熱などのエネルギーのように何かを生み出したのか、それとも単純に何も生み出さずに命を失っただけなのか。なぜそれが大きな問題であるかは、個人の主観にとっての生存の意味(自身にとっての人生の意義)に直結するからです。

私たちが生きて老化し死ぬということは、前述のとおりエントロピーの増大が進んでいくということです。ここでの「命を失う」とは、ただ単に年齢を重ね「負のエントロピー」の力(エントロピーを減少させる力)を失うことです。「命を燃やす」とは、

その喪失と引き換えに、未来の自分、家族、周囲、社会、未来の人たちに対してエネルギーを与えられる何かを生み出している状態を指します。この違いはエネルギーを消費した「結果」として生み出されるものなので、命を失っただけなのか、燃やして何かを生み出したのかは、いつも事前にはわからず、事後的に明らかになります。

ではどうしたらよいのか。自分も含めさまざまな人のケースを観察していて気づきましたが、命を燃やすための一つのヒントは、思考にあります。

思考停止に陥っているときは、気づいた頃にはいつのまにか命をただ失っていることが多く、逆に①最大限に思考をしてからその時間を使った場合、または②意識していなくとも真剣にがむしゃらに思考せざるを得ない状況に身を置いていた場合には、命を燃やして輝いていることが多いです。

①のケースはたとえば、考え抜いた結果、どう転んでも後悔しないという覚悟でこの仕事にチャレンジすると決めたような場合です。

②はたとえば、自分にとって挑戦的な環境に身を置き（私の場合は起業でした）、強

制的に考え抜かざるを得なくなる場合です。上記のどちらかであれば、それがうまくいくかいかないかの表面的な結果にかかわらず、後から振り返っても命を燃やした代わりに、周囲にエネルギーを与えられる何かを生み出している場合が多いです。

ただ気をつけなければいけないのは、①と②は並列ではないということです。若いときほど②のケースが多く、逆に大人になればなるほど②を選択することは難しくなります。なぜなら、②は外部環境に依存するにもかかわらず、大人になるほど自分で選択できることが増えるため、挑戦的な環境をわざわざ選ぶ強い意志が必要となるからです。たとえば高校生や新卒社員だと、知らないことについて勉強させられるなど強制力を持った環境がよく生まれますが、大人になると想定外の経験を強制される場面はなかなかなく、自らの意志で選択せねばなりません。つまり大人になればなるほど、意識的に何かに向かって思考し主体的に行動をしないと、ただ命を失っているだけの時間が増えていく傾向があります。

私は、私の命を燃やして何を生み出すのだろうか。そう思考した結果、世にサービスを提供したり、生命科学の研究をして新しい発見についての論文を世界に発信したり、社会の課題を解決するための仕組みを創り出したいという結論に至りました。

思考停止しているほうがエネルギー消費の観点からすると楽なのは当然ですが、前述のとおりエネルギーを使ってエントロピーの増大に抗えるのは生命の特権です。自分という生命の消費エネルギーを節約しようとするのではなく、「意識的にエネルギーを消費して何を生み出すのか？」を考える人が増えることで、多くの生命が単に失われるだけでなく、次に繋がる新たなエネルギーを生み出せるようにと、私は願っています。

本章でここまで述べてきた覚悟も努力も、これらの行動の結果湧き出る情熱も、すべて他者とは異なる自分の主観がもととなる個人的なものです。これらは、他人から言われたり、本を読むだけの座学では、なかなか手触り感を持ってイメージできるものではありません。

ヒトは自分で行動を起こして経験しながら学ぶ生き物ですが、その理由の一つは、感情にあります。記憶するかどうかは脳の海馬が機能を司っていますが、単なる中立的な情報よりも、感情を伴う情報のほうがより長期的に記憶として定着しやすくなると考えられています。たとえば、大学生を対象に記憶について行われた実験(3)では、快感情をもたらす単語（繁栄、陽光など）や不快感情をもたらす単語（緊急、虐殺など）、また感情をもたらさない中立的な単語（開閉、領域など）で記憶に対する影響を調べるテストを実施した結果、快・不快にかかわらず、感情に関わる単語の成績が良かったと報告されています。

経験することによって生じる感情は、記憶の定着、ひいてはその後の行動に大きな影響を与えます。ヒトは結局自ら「行動」を起こすことによって初めて学び、前進していくものだと言えます。

まとめ

- 覚悟は葛藤を凌駕する。**時間軸の視野のコントロールができれば自由に覚悟を持つ**ことができる
- **カオスな環境に身を置くことで、他者とは異なる自分の主観的な命題に気づく**ことが可能となる
- 時間的・空間的視野の認識をすることで、**未来の出来事を現在のエネルギーの糧とすることができる**
- 情熱とは、**後天的に獲得可能**なものである
- **人が努力（エネルギー消費を伴う行動）をしなければいけないのは、個体にとっての平衡と外界の環境にとっての平衡状態が異なるから。**常に変化する外界の環境に合わせながら生命を維持するためには、常にエネルギーを摂取し代謝するという努力が必要
- 人は生きていくために努力しなければいけないが、**個体のエネルギーは有限**であるためそのエネルギーをどこに投入するかを意志をもって決め、思考する環境に身を置く必要がある

(1) Polley DB, et al. Naturalistic experience transforms sensory maps in the adult cortex of caged animals. *Nature*. 2004;429(6987):67-71.

(2) Saga Y, et al. Roles of Multiple Globus Pallidus Territories of Monkeys and Humans in Motivation, Cognition and Action: An Anatomical, Physiological and Pathophysiological Review. *Front Neuroanat.* 2017;11:30.

(3) 高橋恵子ら「感情と記憶」、『感情の心理学』2007:71-84.

第4章

予測不能な未来へ向け組織を存続させるには

——経営・ビジネスへの応用——

変化を前提とする生命から企業が学べることは多い

第4章では、企業経営や組織運営において、本書の「生命原則を客観的に理解した上で主観を活かす思考法」に従って、思考を重ねることで見えてくるものを紹介します。

もちろん、企業経営や組織運営に生物学のすべてが当てはまるわけではなく、また無理やり当てはめて考えるべきでもありませんが、生物学をアナロジーとして、組織運営や会社経営に生物学の視点を取り入れようという考え方は珍しいものではなくなりつつあります。たとえばオーストリアの思想家イヴァン・イリイチは1973年に著書『Tools for Conviviality』で、産業革命以降の企業、経済、社会の在り方について批判し、技術や制度に人が隷従するのではなく、社会の技術や制度を、人間が生物として持つ本来の特性に合わせて開発すべきだと提唱しました。近年では、フレデリック・ラルー氏の『Reinventing Organizations（邦題：ティール組織）』で注目されるようになったティール型組織の考え方も、組織を一つの生命体として捉えることで経営するスタイルです。

組織運営や会社経営を生命の視点から捉えるという流れが社会に共有されている理由の一つは、当然ながらその組織を構成する人間自体が生物であるという点があります。組織を構成する人が、生命原則に従った生命活動を行っているため、イヴァン・イリイチがかつて指摘したように、人間が生物として持つ本来性に基づいてその力を発揮する環境を作ることが、より良い組織を生むことはある程度明らかなことです。

また理由の二つ目に、企業や組織体も生命体も、その瞬間に力が強いものが生き残るわけではなく、刻々と移り変わる外部環境に対して自身も自在に変化しながら生き残っていく性質が共通している点があります。たとえば日本は自動車や家電で成功してきましたが、一つの事業が何百年も長く続くことはあまりありません。石油産業も、電気自動車が普及すれば廃れます。刹那の強さや成功ではなく、外界の変化への適応をしながら生き延びていくことを体系的にシステム化し、うまく存続させていく点において、企業活動は生命と共通しています。

そのため、日々解明が進む生命に関する知識を組織や会社づくりに応用していく気運は、今後より一層高まると考えています。本書の主題である「生命原則を客観的に理解した上で主観を活かす思考法」も踏まえながら、第4章では私が普段企業経営を行う際に生命原則をどのように参考にしているかを書いていきます。

多様性の本質は「同質性」にある

多様性という言葉は、もともと生態系や進化の観点から使われてきました。さまざまな生物種が存在していれば、環境に大きな変化が起きいくつかの種が絶滅しても、一部の種は生き延びる可能性があります。6600万年前、隕石衝突が原因とされる地球環境の変化で恐竜をはじめとする大型生物は絶滅しましたが、一方で物陰に隠れて生きていた哺乳類は生き延びることができ、そこから哺乳類の時代が始まりました。

人間社会における多様性の概念は1960年頃からアメリカで、人種差別の撤廃やマイノリティへの機会均等のため提唱されたのが始まりです。近年では経営においても、個人間のさまざまな違いを競争優位へ活かすという文脈で重視されています。企業経営における多様性も、生命における多様性も、環境変化に適応してしなやかに強く生き抜くレジリエンスを作る点で共通しています。実際に、マッキンゼー・アンド・カンパニーの調査によると、メンバーの多様性が高い企業は、そうでない企業と比べて、業種平均よりも優れた業績を達成する確率が高い傾向にあるという報告がなされています(1)。

今、「多様性」という言葉は男性中心の組織に女性を参加させたり、外国人を積極的に採用したりする場面で使われることが多くあります。そこには、「背景や能力が違う人たちを集めよう」というニュアンスがあります。

実際に2019年私が世界経済フォーラムの関連会合にヤンググローバルリーダーという立場で参加したときも、さまざまな国籍、人種、年齢、性別の方々に参加してもらうことを運営側が驚くほど意識していることを体感しました。

そのこと自体は素晴らしい一方で、企業経営のときに「多様性」という言葉が使われる際には、その言葉が独り歩きする場面も見られます。多様性について考えるときには、「何が違うか」という差異だけが注目されがちですが、差異に注目すると同時に「何が同じか」という点にも注目しないと、多様性の本質を見失うことになります。

多様性を考える上で「同質性」が重要だというと、同質なものは多様ではないのではないか、と考える人がいるかもしれません。しかし、たとえばヒトは姿形・体質・性格など極めて多様ですが、実はゲノムのおよそ99・9％はみな同じものを持っています。ヒトは99・9％は同じゲノム配列を持っている上で0・1％だけ差異があるから多様だということが認識できるのであって、ミジンコやコアラ、ウーパールーパーなどゲノム配列が大きく異なる生物を入れて考えてしまうと、ヒト間の差異など微々たるもので多様であるとは言えません。単にバラバラに存在しているものを集めることだけが多様性なのではありません。多様性を考えるには、差異の前提となる土台が必要となります。

企業における多様性も、多様性を作ることそのものを目的にするのではなく、ある目的を達成したいと考える「同質性」を持つものをまず集め、多少の環境変化にも対応できるための手段として多様性を確保する、というのが本来の意味での多様性のあり方です。

企業にとっての目的とは、企業理念や企業文化に賛同した人たちとともに社会的価値を生み出していくことです。その目的に賛同しているという「同質性」を前提として、年齢・性別・国籍・人種などに関係なく、異なる才能や背景を持つ人たちが集まることこそが真の意味での多様性です。

多様性を確保することだけを目的にして差異にだけ注目してしまうと、たとえば企業の目的やフェーズに合わない人を採用してしまうなど、企業として（あるいは部署として）何をしたいのか見失うことになります。

多様性を尊重することと、同質性のない相対主義を混同して議論されてしまう場面があると私は感じていますが、両者は極めて異なるものです。相対主義とは、人間の認識や評価はすべて相対的なものであり絶対的な真理はないという考え方のことですが、哲学者のマルクス・ガブリエルはこの相対主義の危険性について警鐘を鳴らしています。たとえば、社会はさまざまな考え方の人がいてこそ成り立つものですが、さまざまな考え方の人を尊重するのが大事だからといって、「子どもを虐待してもいい」という考えを許容することが多様性ではないわけです。子どもを虐待していいわけはありません。

国際連合憲章によって児童の権利に関する条約が定められていますが、子どもの生きる権利・育つ権利・守られる権利・参加する権利などが尊重されるという同一の前提に立った上で初めて、教育に関してさまざまな考え方の人がいることが受け入れられるのです。ただ単に異なるものがバラバラに存在する状態を肯定も否定もしない相対主義は思考停止の産物であり、意志ある同質性を前提とした多様性とは似て非なるものです。

違いにだけ着目してしまう事例として、単純に「年齢」「性別」「国籍」などのデモグラフィック・属性による目に見えやすい多様性のみを採用したものがあります。米イリノイ大学のメタアナリシス（複数の独立した研究結果を統合して行う分析）の論文では、このデモグラフィックにのみ焦点を当てた多様性は、

・組織に必ずしも良い影響を与えるとは限らず、むしろ悪い影響を与える場合もある
・一方で、能力や経験や価値観などのタレントベースの多様性については組織パフォーマンスに良い影響を与える

という結果が出ています[2][3][4]。これは、デモグラフィックのみの多様性の場合、「男性vs女性」や「日本人vs外国人」など、差異にのみ焦点が当てられがちになり組織内で軋轢が生じやすいためだと社会分類理論では考えられています。

同様に、多様性が成果につながるケースは、「デモグラフィックの多様性」そのものが原因なのではなく、多様な知見・能力・価値観などの「タレントの多様性」が生まれることによって結果的に組織パフォーマンスを高めることができると考えられています[3][4]。

多様性の概念はまた、企業内だけでなく、社会における企業のあり方においても当てはめて考えることができます。日本国内の企業数は、２０１４年の総務省の報告によると約４１０万社です[5]。

生態系における悪い状態とは、多数の種を駆逐した少数の種による寡占化が進んでいる状態とされており、これは経済社会においても同様です。もしも他の企業がやっていることを真似すれば均一化を招き、環境が変化したときに他社と共倒れする可能性が高まりますが、約４１０万社という多様な企業が日本にあることそのものが日本経済を支えているとみなすことができます。

世界全体で考えると、近年ではGAFA（Google, Amazon, Facebook, Apple）を中心としたデジタルプラットフォーマーの買収戦略によって少数の強大な企業による寡占化が進んでいます。たしかに、未来のライバルを買収する戦略は、短期的には良い戦略です。しかし、長期的には、新陳代謝が停止してしまわないように手を打たなければ（あくまで生物学的観点から言えば）いずれは自身を含む生態系を危うくさせるものだと考えています。

生命は「失敗許容主義」である

多様な生物種があることで生命全体として生存確率を上げているのが、多様性の本質です。多様性は手段に過ぎず、目的は本書で何度も出てきている生命原則のとおり「生命全体としての生存を維持すること」です。しかし、これは空間的視点を広く設定し、生命全体を対象としたときの話です。視野を狭めれば、生き残ることができなかった生物種も存在します。重要なことなので繰り返しますが、どのような環境変化があるのか、あるいはどのような変異が環境に適応できるのか、事前に予測したり意図をもって作り出したりすることはできないため、とにかくあらゆる可能性を試すしかないのです。絶滅という、ある種の生存の失敗を寛大に許容し続ける生命の様子は「失敗許容主義」とも表現できます。

進化という言葉には「進」という文字が入っているため、あたかも何らかの目的や形態に向かって進んでいるかのように受け止められがちですが、実際には「こういう生物を目指している」という明確な方向性はありません。人類を含め、各生物種がさまざまな可能性を試す中で、結果としてうまく生き延びるものが現れればいい、という考え方です。ここでの「さまざまな可能性を試す」とは、失敗することを前提にしています。生命は、失敗も成功も含む累積探索量を、必死に増やしているのです。

初めて生命が地球上に誕生してから約38億年の間、進化の過程で約2000万種にも及ぶ多くの生物種が誕生し、その中でこれまで多くの生物種が絶滅してきましたが、絶滅したから無意味だったというわけではありません。

私たち人類も、過去の生命が現在のヒトの形を目指して進化してきたわけではありません。いくつもの試行錯誤、失敗、環境の変化を経て、結果として現在のホモ・サピエンスがたまたま生存しているだけです。もちろん今のヒトもまた最終的な形態ではなく、未来から見れば通過地点に過ぎませんし、恐竜と同様にヒトも絶滅して、別の生物が地球を代表する存在になるのかもしれません。人類の未来について書かれたユヴァル・ノア・ハラリの著書『ホモ・デウス』にも、「ヒトが終着点である必要はない」と述べられています。

未来に何が生き残るのかを現在の時点で見通すことは困難であり、遠い未来になればなるほど予測の難易度は上がります。だからこそ生命は多様性を作ることにより、未来の生存確率を上げているのです。失敗許容主義は、短期的に見ると非効率的な戦略に見えますが、長期的には効率の良い生存戦略となります。

ここにも、企業が生き残る戦略のヒントがあると考えています。

これほど世の中が素早く変化する環境において、目先の利益のみに着目すれば、環境の変化によって途端に商品が売れなくなってしまう可能性も大きく存在します。そのとき、環境が変わってから適応しようとしても後手に回ってしまうため、新しい試みは環境が変化する前提で日常的に行うことが求められます。長期視点に立った研究開発（長期研究）などはこれに該当します。

生命が失敗許容主義であり、失敗も成功も含む累積探索量を増やすことをよしとしていることを鑑みると、長期研究は必ずしも成功が保証されていなくてもよい、むしろ成功しようという視点を一旦脇に置くことが重要だと私は考えています。

長期研究というと、「時間はかかるけど大きな利益が約束されているもの」というイメージが伴いがちですが、生命の進化において大きな利益は約束されていません。あらゆる可能性を試し、むしろ必死になって失敗しています。企業の長期研究も、「経済的利益に直結するかどうか」という視点が必ずしも必要だとは限りません。環境は常に変わるものであり、環境の変化が予測できない以上、長期研究のどれが役に立つかは予測できないからです。大切なのは、「長期研究に取り組むこと」そのものです。研究が花咲くかどうかは未来が決めることであり、現在や、ましてや過去の経験則は役に立ちません。

私が経営している会社でもこの点は意識しており、研究開発における「6対3対1」という社内ルールが存在します。「6対3対1」とは研究開発におけるリソース配分のことで、商品開発など直近の事業に関わるものに6割、数年後に何かにつながりそうな中期研究に3割、何に関係するかまったくわからない基礎研究などに1割のリソースを注いでいます。直近で利益を出すことはもちろん必須なので、そこに6割の努力を注ぎ、中長期的戦略のために4割を注いでいるということです。

もちろん、このルールは起業当時から存在していたわけではありません。生まれての赤ちゃんが老後の貯蓄のことを考えていないように、起業したときは短期的な利益や、1年先のことを考えた資金調達などに全力を注がざるを得ません。企業規模がある程度大きくなってきて初めて、中長期的な視点に立った戦略やリソース配分が必要になってきます。

私が経営する会社は現在6対3対1で配分していますが、会社の規模やステージが変われば、この割合は変わるかもしれません。たとえばGoogleでは、勤務時間の20%を、従業員本来の担当業務ではない好きな仕事に充ててもよいとする制度があったそうです。その20%ルールの結果、メールサービスのGmailや、文書作成サービスのGoogle Docsなど、現在のGoogleの主要サービスの多くが生み出されてきました。

少し補足しておくと、新規事業を立ち上げる際に未来を一切予測せずに「失敗の量を増やすため」まったくランダムに立ち上げるほうがよいと言っているわけではありません。生命の進化もまったくランダムに行われているわけではなく、生き残ってきた生物の既存のＤＮＡをベースに少しずつ変化を取り入れていますから、企業においても既存の事業の強みがまったく活きない無関係な事業を立ち上げることは自然の理にかないません。失敗を目指すことと、変化を取り入れていった結果の失敗を許容することは異なることです。

どこまでリソースを配分するかは当然会社の規模やステージや方針にもよりますが、短期的な利益だけを追いかけていれば、新しい価値を生み出す可能性を潰すことになり、結果として環境が変化した際、企業全体が崩壊する可能性も高まります。特に自己の生存がある程度まで確保された会社においては、生命の多様性と失敗許容主義から学ぶことは多くあると思えます。

新規事業は企業にとっての進化である

会社の売上をさらに伸ばそうと考えるとき、手段は大きく分けて二つあります。既存の事業の売上をさらに伸ばすか、新規事業を立ち上げるか、です。

実は生命においても、変化する方法が二種類あります。それは、「個体としての成長」と、「種としての進化」です。これらの特徴は、先ほどの「既存事業の売上増」と「新規事業の立ち上げ」という二つの手段とよく似ているのです。私も経営者として会社規模を大きくしようと考えるとき、生命の二種類の変化のどちらの方法をとるのが適切なのかを常に考えるようにしています。

個体としての成長は、既存事業の売上増に該当します。人間に成長期があるように、一定期間、事業は順調に成長します。ところが、生命の仕組みでは、無限に成長する個体というのは存在せず、やがて必ず老いていきます。この性質は、事業の寿命においても似たところがあると私は感じています。スパンの違いはあれど、環境は必ず変わるため、永遠に単体事業で成長し続けるということはなく、ビジネスモデルを変えたり、何か大きな変化を加えていかない限りは売上はいつか横ばいになっていくものです。ソフトバンクの孫正義会長も、常に成長し続ける企業を創ろうと思ったら単体事業で伸び続けることはあり得ず、変化し続ける複数の事業から成り立つシステムを創らないとダメだ、と以前おっしゃっていたのを覚えています。

事業の成長を考える上で参考になる生命の原理原則の一つが、「S字曲線」です。

物理学者エイドリアン・ベジャンは生物・無生物を問わず、すべてはより抵抗や摩擦を低減するような形に進化すると、物理法則から提唱しています(6)(7)。彼は、著書『流れといのち』の中で、「成長はS字カーブを描く」と主張します。S字カーブ現象は、生物の領域でも、無生物の領域でも、人間の領域でも見られるが、それは偶然ではない自然界における普遍性だと説いています(8)。永遠に成長することは生物的にも無生物的にも不自然なことであり、結局動きというのは自然な形に落ち着いていくということです。

たとえば、単細胞生物である酵母が分裂して数を増やすとき、最初はゆっくりです

| 図20 | 生物の個体数増加、事業成長などすべてはS字曲線で示される

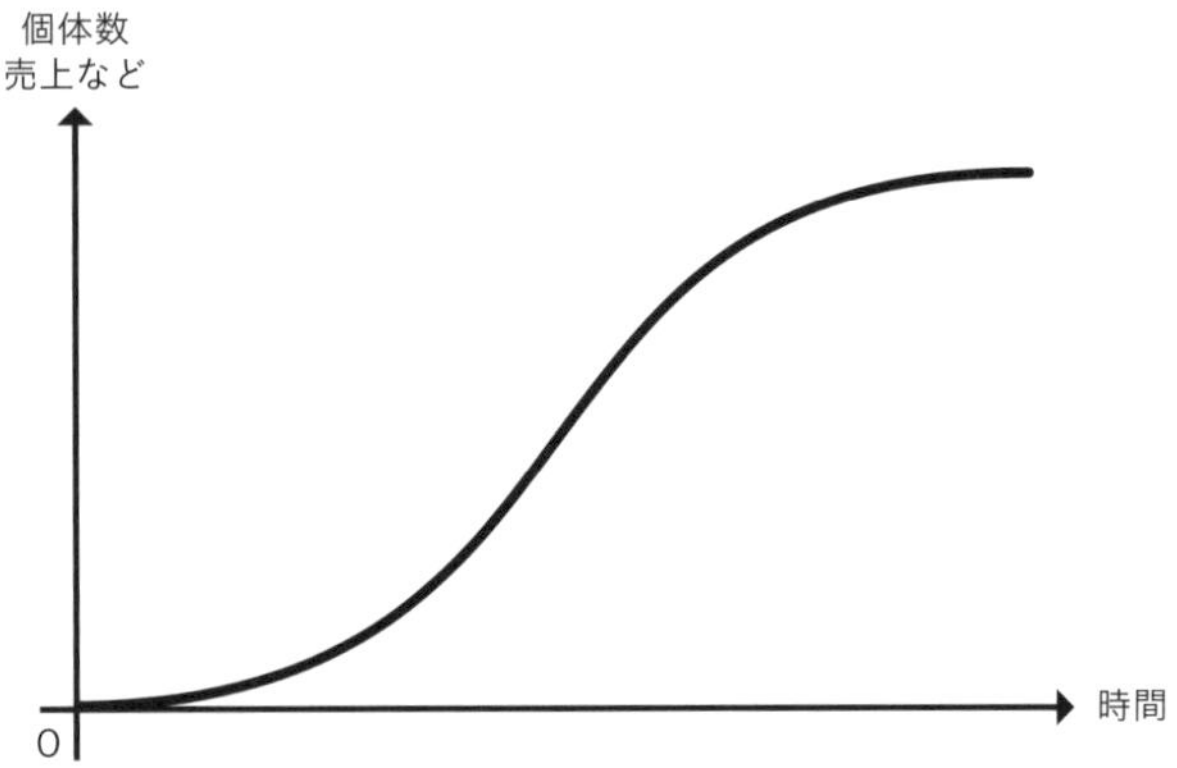

が、途中から指数関数的に増加します。

ところが空間や栄養は有限なので、ある段階から個体数の増殖率は緩やかになり、やがてそれ以上数が増えなくなり、プラトー（定常状態、停滞状態）に達します。この増殖数の変化をグラフとして示したものがS字曲線です（図20）。

S字曲線を、会社の規模拡大に当てはめてみましょう。酵母が生きる空間は「市場」です。最初は認知度の低さなどもあって成長は緩やかですが、ある段階から大きく成長します。この段階では、そのままのやり方を維持して

も成長は見込めますし、さらに成長を加速させたいなら、栄養を足す（追加で予算を投入する）のも有効です。

ところが、徐々に売上の伸びが落ち着いてきて、かつ市場が飽和しているような状態になったとき、新たに栄養を足しても（予算を投入しても）、いい対策にはなりません。もはや、成長のための空間が限定されているからです。S字曲線の天井に達しているとしたら、あの手この手で工夫をしたとしても、さらなる成長はほとんど期待できません（もちろん、例外はあります）。

前述のエイドリアン・ベジャンの著書では、成長の限界を見極めるには、「成長しているか否か」で見てしまうと認識しづらいため、増加率を基準に考えるべきだと述べられています。増加率が下がって成長の限界が見えてきたフェーズでは、新たに売上を伸ばそうと考えるなら、もう一つの方法である「進化」を行う必要があります。

経営における進化とは、「新規事業の立ち上げ」です。新たなものを作り出し、多様性を維持することが、全体の生存確率を高めることにつながります。もちろん新規事業を立ち上げた段階で、その事業が未来で生き延びるか、いわば事業として大当たりするかを予測することは困難ですが、生命が均一な集団のままでは環境が激変したときに生き延びられないことは、過去の大量絶滅の実例から容易に想像できます。

一時は大いに繁栄した石油産業も、電気自動車が普及すれば廃れ、その栄華は長くは続きません。利那の強さや成功だけを追い求めるのではなく、外界の変化に適応しながら生き延びるシステムを体系的に作り込んでいる生命を参考にするならば、経営においては今の事業の状況が成長フェーズなのか進化フェーズなのかをうまく見極める必要があります。

脳の学習による「偏見」を捨てフラットに物事を見つめる

私たち人間は「個体として生き残り、種が繁栄するために行動する」という共通する生命原則に基づき生きているため、どうしても考えが及ぶ範囲が狭くなったり時間軸も短期的になったりしがちであることをこれまで述べてきました。

企業経営における「短期的な利益だけを追いかけている状態」という考え方も同じで、「ある特定の思考枠の結びつきが強固になり過ぎたために、視野の設定を自由にできなくなった状態」と言い表すことができます。このことについてもう少し深く考えてみます。

私たち人間は、脳の学習機能によってどうしても過去の経験に影響を受けがちです。たとえば、過去にとても辛い思いを経験した人は、過去の思考枠との結合が強くなり、未来の思考枠に目を向けることが難しくなります。

失敗や恐怖などの経験が、脳内で恐怖や不安を司る扁桃体に記憶され、その記憶が無意識に行動の萎縮やパフォーマンスの低下を引き起こすためです[9][10]。過去の辛い経験による学習から、「現在のこの状況も辛いものに違いない」と考えるだけでなく、「これからも同じように辛いことを経験しなければならないだろう」と予想するようになってしまいます。

たとえば「この社会は不条理だ」と若い人に言って回る人は、たまたまその人が過去に体験した不条理なことから学習してしまっているだけです。本当は社会には不条理なところもそうでないところもさまざまな側面があるにもかかわらず、学習により「社会は不条理なものだ」と思考の枠が固定されてしまっています。同じように、たとえば会社の中での挑戦に過去失敗した人は「どうせこの会社では提案しても何も変わらないよ」と言いがちになります。

また逆に、過去にとても良い思いをした人が、成功体験に固執するのもよくあることです。こういった人もまた、特定の成功から学習してしまっているがゆえに、同じ手法にこだわったり、より良くなるかもしれない未来の可能性を捉えられずにこの先も過ごしてしまいます。「最近の若者は」と若者批判をする年長者は数千年前から存在したという話は有名ですが、それも、自身の過去の経験からの学習が積み重なることで思考が偏り、真実とは誤った認識をする「認知バイアス」により引き起こされているという研究もあります(11)。これも、視野の固定という観点から説明がつきます。

これらの考え方は、自身に過去起きたこと(または現在起きていること)に由来しており、実際に体験した「現実」がベースになっているため、「現実的な思考枠」にとらわれているとも表現できます。

逆に、未来の思考枠から影響を受けることも当然あります。現在には存在しないものを未来に求め、そのために行動することは、「理想を追う思考枠」と表現できます。第2章で述べたより良い未来のために未来差分を設定することは、「理想を追う思考枠」の中に収まる考え方です(図21)。

図21 時間軸と思考枠の関係

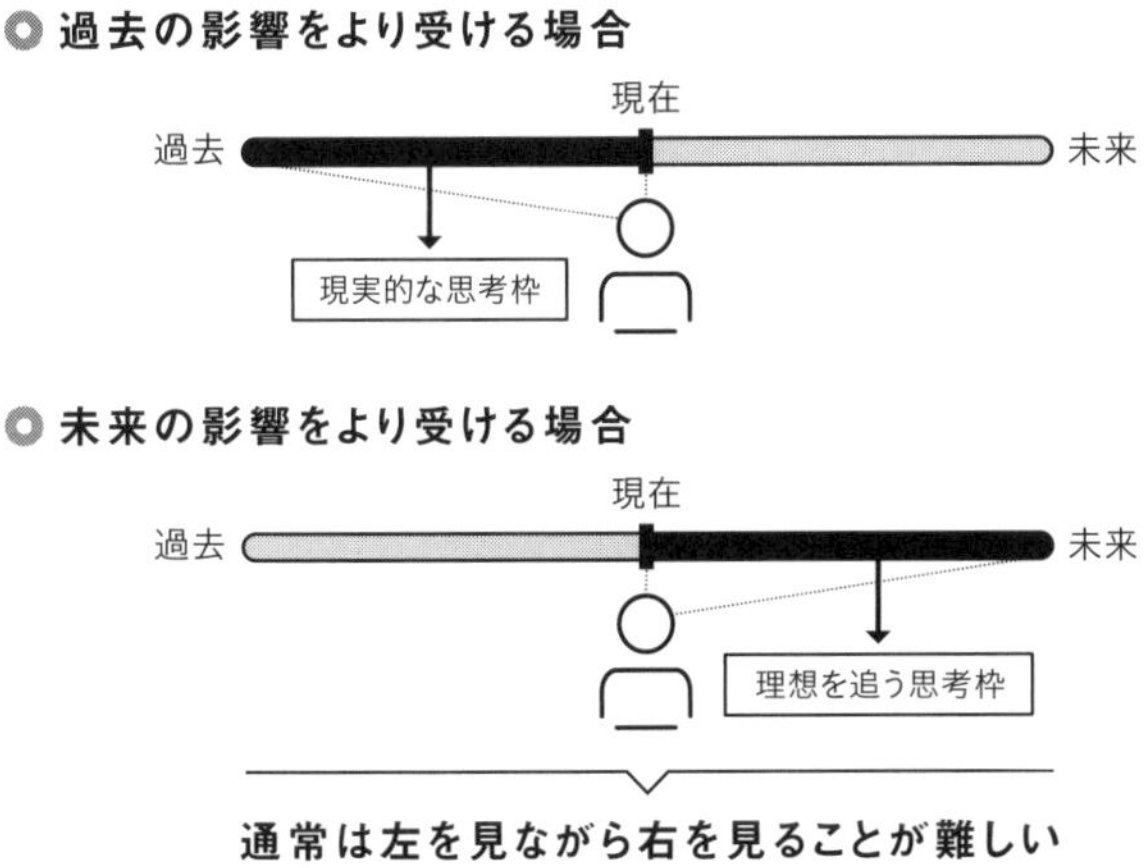

つまり、過去や現在に起こった事象の影響をより受けると「現実的な思考枠」、未来に起こりうる事象の影響をより受けると「理想を追う思考枠」の中で物事を考えるようになります。

ところで、ここで問題が一つ生じます。「現実を見ること」と「理想を追うこと」は、しばしば対立するのです。

なぜ対立しがちかというと、自身の過去の経験からの学習が積み重なることで思考が偏り、真実ではない誤った認識をする「認知バイアス」を引き起こしている場合、偏見なく未来を認識することが難しくなるためです。特に、人は自分の経験からの学習に強く影響を受けるので、どうしても現実的な思考枠のほうに目を向ける傾向があります。

ただ実際には、対立しているのではなく、どちらか一方しか見ることができないだけです。左を見ながら同時に右を見ることは不可能なように思えますが、適切な距離を置いて全体を見てしまえば難しいことではありません。ここでいう適切な距離を置くというのは、自身にとっての「過去」は自身の失敗や成功による認知バイアスを形作るものだと俯瞰し、その思考から一定の距離を保つこと、つまり過去は過去として受け止めつつも過去を引きずらずに、純粋な「未来」の可能性に想いを馳せることです（図22）。

たとえば「自分はこれまで失敗したのだからどうせ今後も失敗する」と思い込んでしまうのではなく、過去の失敗と自身の認知、未来の可能性を適切に切り離して捉えることで、取るべき行動は変わります。


複数の視点を受容できると、たとえ不条理な現実の影響を受けたとしても、それもまた複数ある思考枠の一つであると受け止めることができるようになります。

このように、「あらゆる思考枠（時間軸）の視点を持ち、純粋に物事を受容すること」

｜図22｜ 全体像を捉えることであらゆる思考枠の存在を受容する

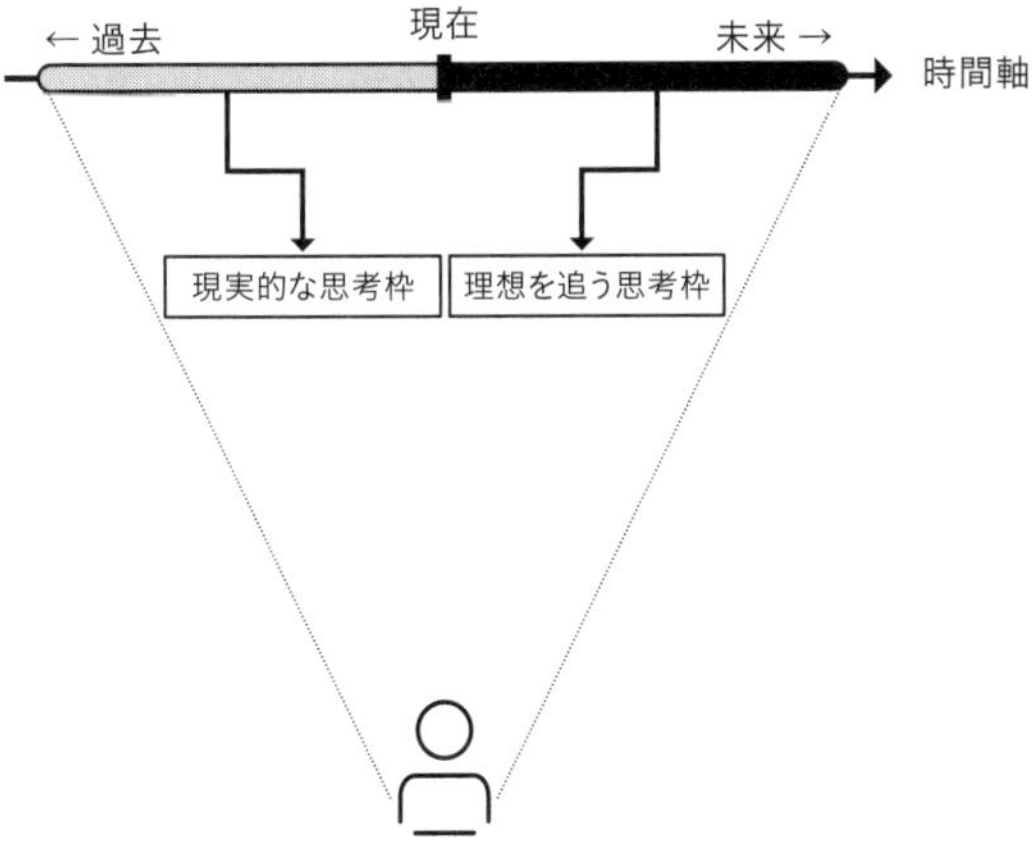

こそが、世界を純粋に真っ直ぐに見ることだと私は考えています。フラットな視点で見ると言い換えてもいいかもしれません。

逆に、「ある特定の思考枠の結びつきが強固になり過ぎたために、視野の設定を自由にできなくなった状態」のことは「偏見」と言い表すことができます。偏見の厄介なところは、思考枠が固定されている現状そのものに気づけないことです。そのため、事実が正確に把握できなかったり、時に差別的な言動をとったりするようになってしまいます。

年齢を重ねるほど過去の時間が蓄積

するため、学習による過去の影響が大きくなり、偏見を持って世界を見がちです。過去の不幸をいつまでも引きずっていたり、あるいは過去の栄光にとらわれていたりします。

時間的視野だけでなく、空間的視野においても思考枠にとらわれることがあります。「ある人間が何かをした場合、その人間が所属するコミュニティすべてにそういう傾向がある」という差別的な見方は、空間的視野が固定されているために生まれるものです。たとえば特定の国や人種に対するヘイトがそれに該当します。

第1章でお話ししたように、生命は遺伝子レベルで見れば全人類がレアで多様性に溢れており、そもそも、肌の色や性別などの認識しやすい属性でグルーピングすることと自体が無意味です。また、空間的視野を広げれば自分自身もまた何十億と存在するヒトの一つに過ぎません。生命の仕組みを知ることで、少しでも無意味な差別や偏見がこの世から減るきっかけや機会になればいいなと私は考えています。

会社を経営するにあたっては、普段から人類全体のことを考える機会は多くないかもしれませんが、自分がどのような思考枠で物事を捉えているかは常に認識しておく必要があると私は考えています。というのも、複数の思考枠が、見た目には相反する場面に出くわすことはよくあります。たとえば直近の利益を優先するのか、中長期的な視点も取り入れるべきか、複数の部署間への予算配分をどう調整するべきかなどです。しかしこれは決して悩ましいだけのことではありません。私はむしろ「矛盾エネルギー」のようなものが存在すると仮定してポジティブに捉えています。

何かしら矛盾に思えることがあるということは、複数の異なる思考枠が存在するということです。たとえば、短期的利益と長期的利益の矛盾を抱えていることは、悩ましいことのように見えますが、その矛盾を抱えている人だけが短期的利益も長期的利益も手にできる可能性があります。なぜなら、矛盾を認識できているということは、現在だけでなく、作りたいより良い未来を脳内に描けていることを意味するからです。すでに複数の時間的視野を手にしていて、そこから理想とする未来へ行くためのエネルギーが生まれます。

純粋に物事を受容するという「フラットな視点」を持つことは、残酷な現実や過酷だった過去を直視しながらも、その過去に縛られることなく未来に向けて大きなことを成し遂げるための力となります。

成し遂げたい未来があるのであれば、自分の抱える矛盾に悩んだり、ましてや他人の矛盾を突くことに夢中になったりしている場合ではないのです。

矛盾に直面した場合には単に悩んで終わるのではなく、自分はどのような複数の思考枠を持っているのかを冷静に捉えた上で、その両方を実現できる道を考え抜き、行動に移すことが大事だと私は考えています。

愚かな人はいない。視野の共有が不十分なだけ

思考枠の考え方は、一緒に働くメンバーのマネジメントをするときにも役立ちます。取引先であれ部下であれ、誰かと仕事をするとき「自分としてはすぐにAをしてほしいのに、相手はなぜか先にBをやろうとする」といった経験はないでしょうか。いわゆる「認識のずれ」や「意思疎通ができていない」状態です。私自身もかつてはよく経験し、なぜ伝わらないのかと落胆することもしばしばありました。

第1章に「愚かだ」と思われる行為のほぼすべては、視野の設定が適切でないことで説明できると書きました。同じように、意思疎通の問題も結局のところ、見ている視野が異なるために起こっています。

たとえば、自分がAという作業を、「放置しておくと1ヵ月後の締め切りに間に合わなくなる」という理由から、今すぐ取り掛からないといけないものだと認識しているとします。ところが一緒に仕事をしている相手は、「Bの作業は今すぐ楽に取りかかれる」という理由から、Bを先にしようとしているのかもしれません。この場合も自分と相手とでは、見ている視野が違うのです（図23）。

こう書くと、「目先のことしか考えられていないのは愚か」あるいは「先のことまで考えて動くべき」という意見が出てくるかもしれません。しかし、どちらの視野で物事を見るのが正解かという優劣はありません。単に見ているものが違うだけです。

この問題を解決する簡単な方法は、視野の共有です。なぜ自分はAという仕事を先にやってほしいのか、それは1ヵ月先のことに影響するからだ、と説明し、相手が1ヵ月先のことも見られるよう視野を共有すれば解決できます。たとえば私は自分の会社のメンバーと定期的に1 on 1を行っていますが、相手が短期的な目線にとらわれ

図23　問題は視野が共有できていないことにより生じる

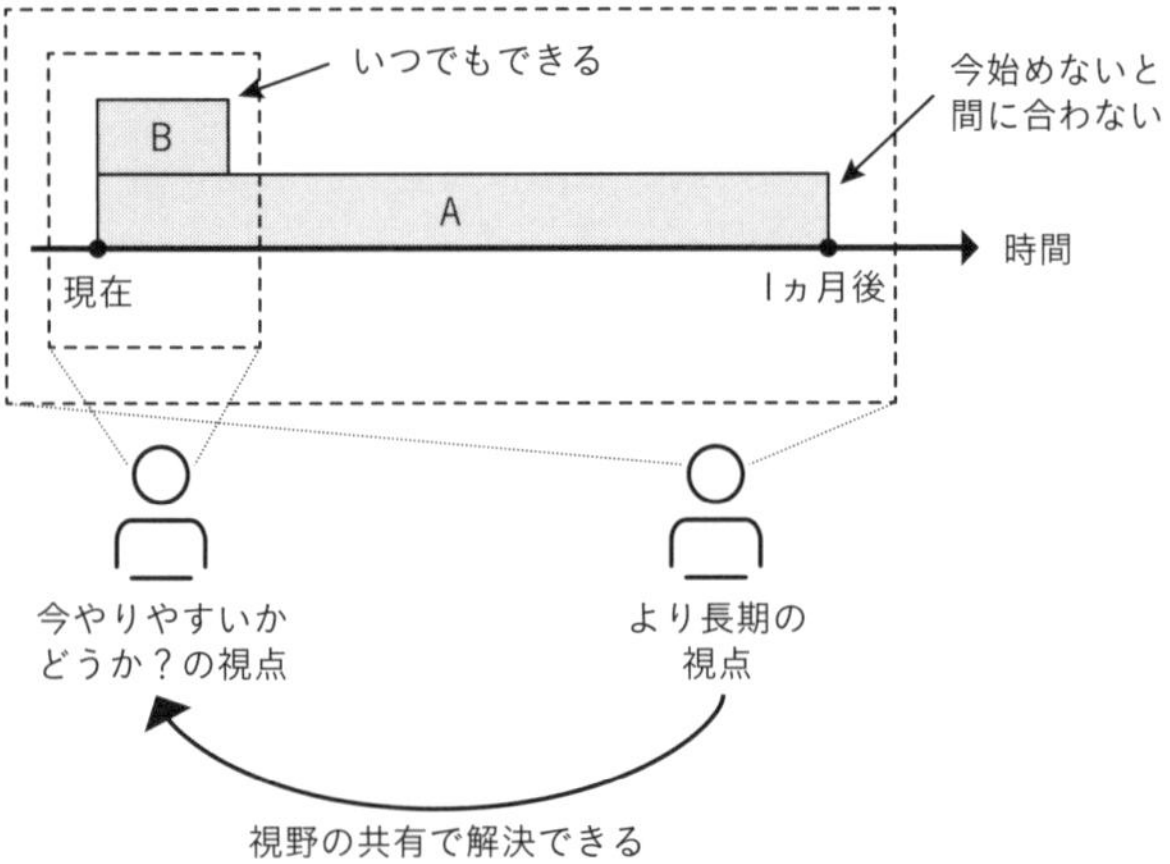

ているなと感じた場合には、「では1ヵ月、半年、1年、3年スパンで考えてみると今取り組んでいる仕事はどう見えますか?」などと視野をストレッチさせるように促しています。

第1章でも述べたように、視野は「広くも狭くも自由に設定できる能力」が大切です。全体を俯瞰できたとしても、細かい部分を見ることができない状態はよくありません。どちらの視野も行き来できること、そして全体を俯瞰して取り組むべきことを見定めた上で、次に狭い視野で物事に取り組むという手順で進められることのほうが大切なのです。

「自分の言っていることを相手が理解してくれないのは、相手が愚かだからだ」と、考えてしまうことはナンセンスです。その人の見える視野は得られる情報量によっても変わってくるものなので、「あの人は視野が狭い」などとあたかも先天的な素質かのように優劣を決めつけるのではなく、自分に見えている視野を共有すればほとんどの問題は解決できます。

組織変革は「時間軸」でつまずく

思考枠の切り替えについて、もう少しお話しします。今度は、経営をどの時間的視野で捉えるかについて、です。

経営においては、状況に応じて柔軟に変化させるべきものと、多少の変化で安易に変えるべきでないものとが存在します。

牛命においても、似たような時間的視野が仕組みとして組み込まれています。第1

章でも述べましたが、地球上のすべての生命は、遺伝子の本体としてDNAを用いています。DNAの構造の中で「塩基」と呼ばれているものは4種類あります。アデニン（A）、チミン（T）、グアニン（G）、シトシン（C）です。この4種類の塩基の並びによって、実際に生体内で機能するタンパク質がどのようなものになるかが決まります。DNAからは一旦RNAが作られ、DNAの塩基の並びが反映されたRNAの塩基の並びをもとにしてタンパク質が作られます。これらのうち、DNAは滅多なことで変化するものではありません。紫外線や、細胞分裂時のコピーミスで変化しても、変化してしまったDNAを含む細胞ごと破壊して除去されます（除去されずに増殖し続けてしまうものが腫瘍です）。

では、企業において滅多なことで変化させてはいけないものは何かというと、経営理念やミッションが該当します。

一方で、DNAからRNAやタンパク質が作られるときには、細胞の状況に応じて作られる量が変化します。

経営においては、経営理念やミッションと会社の置かれている状況を鑑みて、組織体制が考えられます。組織体制は頻繁に変えるものではなく、数年くらいのスパンで見直すものでしょう。

さらに小さい視野で考えると、体内の代謝は常に行われており、より環境の変化を受けやすいものとなっています。組織体制でも、一段小さいものは、もう少し短いスパンでも変えることができます。また、組織体制を変えていくには時間はかかりますが、戦略、戦術を変えていくことは短い時間スパンでも可能です（図24）。

最近デジタルトランスフォーメーション（ＤＸ：データとデジタル技術の発展に伴い、製品やサービス、ビジネスモデル、業務そのものを変革すること）を手掛ける会社の社長と話をする機会がありましたが、あらゆる業種の企業においてデジタル化の必要性が叫ばれている現状ですら、ＤＸに成功している企業の割合は5％程度に過ぎないという話を聞きました。新しい技術や戦術をいくら取り入れたとしても、それを使う組織側が変化に対応するのに時間がかかってしまうそうです。

第2章に時間と変化について書きましたが、環境変化と生命変化の時間軸が異なるのと同じように、技術や戦術を導入することにかかる時間と、組織体制を変えることに必要な時間は異なるものです。ＤＸ導入の場合は、それを同じ前提として扱ってし

図24　企業の変化と時間軸

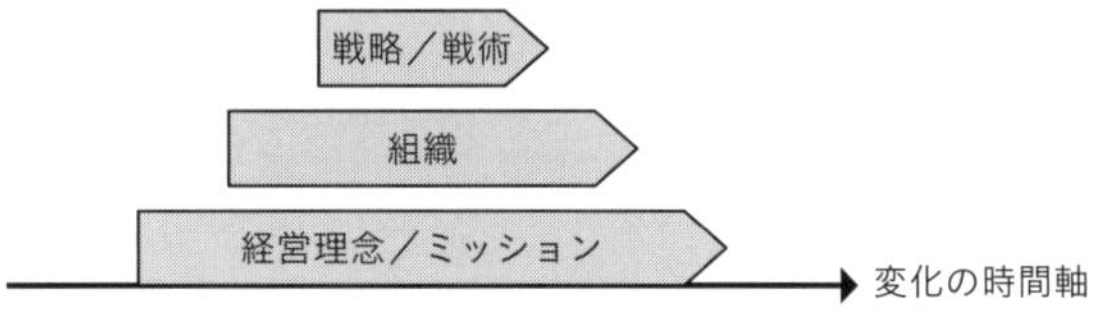

まうがゆえになかなか成功しないということでした。この事例はまさに、企業には複数の時間軸が存在し、その前提に合わせて動いていく必要があることを認識させられるものでした。

大事なのは、どの時間軸でも見ることができて、状況に応じて適切な視点に切り替えて動かせることです。特に企業で新しいことや変化を取り入れていくシーンでは、生命の仕組みをイメージし複数の時間軸の視点を持つことが有効だと感じています。

客観的な情報を集めすぎるとなぜ間違うのか

この章では、多様性の捉え方を発端として、視野を自由に設定することの大切さ、S字曲線から考える成長と進化の判断などを紹介してきました。いずれも、事象を客観的に捉える視点の必要性を説いたものです。

経営においては、客観的な視点は必要不可欠です。製品の市場成長率や想定顧客規模などの客観的な数値は、意思決定に欠かせません。また、社内のコミュニケーションにおいても、複数の社員が参加する会議では、メンバーが持っている情報や知識などを共有し、客観的な視点で議論する必要があることは言うまでもありません。しかし、未来は曖昧なものであり、遠い未来になればなるほどその曖昧さは増します。未来を正確に見通せないからこそ、生命は多様性を維持しているという視点もまた忘れてはなりません。

ビジネスの場面においては、基本的に、客観的な情報を多く集めることで、未来予測の精度を高め、優れた意思決定をしようと考えます。しかし、最近の経営学、認知心理学、神経科学では、意思決定には主観的な要素も必要だと結論づけられています。なぜなら、客観的な情報には一定の割合で必ず「過去の情報では正しく、同じ環境では再現できるが、環境が少し違えば当てはまらない論理」が存在するからです。これは「バイアスとバライアンスのジレンマ」と呼ばれています[12]。主観的な要素が多いほどバイアスによるエラーが多くなるが、客観的な要素が多くなると今度はバライアンス（予測のばらつき）によるエラーが多くなるというものです。特に経営においては、わずかな環境の変化で市場が大きく変わる可能性がある状況で意思決定をすることが多いため、客観的情報の積み重ねだけではたどり着けない未来があるのです。

そのため、特に不確実性が高い環境であればあるほど、客観的な情報に加えて主観的な判断も求められます。かつて、吉田松陰がのちに日本の歴史を変えていく弟子たちに対して「諸君、狂いたまえ」と言ったことは有名ですが、「狂う」とは、周りの常人には理解できないほどの「主観による行動をせよ」ということです。これが主観ではなく客観的・論理的に説明できるのであれば狂うことにはならず、弟子たちが歴史を大きく変えることもなかったでしょう。特に不確実性が高かったであろう明治維新の時代において吉田松陰が発したメッセージが主観を強調したものだったことは印象的でした。

私が起業したとき、客観的な情報としては「ゲノム解析サービスについて海外ですでにいくつかの成功事例があること（特にアメリカの23andMeというゲノム解析サービスの会社は現在までに1000万人分以上のキットを売るほどのヒットとなっています）」、また「市場規模が大きく伸びていること」「一定数のサンプル数が集まれば統計学的な解析が可能になり応用領域が広まること」「解析結果から疾患予防や創薬などの経済価値を生み出しうること」などを集めることができました。

ただし当時は、ゲノム情報を使ったビジネスはまだ世界中でビジネスモデルが確立されておらず、模索しているフェーズでした。倫理的にもビジネスとしてやっていいこととやってはいけないことの線引きが不明確で法律も整備されておらず、たとえば23andMeに関しても、アメリカ食品医薬品局（FDA）による規制のため、一時は疾患リスクなどの解析結果の提供を停止し、祖先解析の結果を提供することしかできなくなったこともありました。また、ゲノム解析を行ってもどのような結果が出るかはわからないため、本当に経済価値を生み出す成果が得られるのかは不透明だったのが実際のところでした。加えて、国内の実績に限れば成功事例はまだゼロで、客観的に見れば、手を付けないための情報や理由もいくらでも集められたのです。

事業を立ち上げる理由と立ち上げない理由を多く集めて天秤にかけることは可能ですが、事業がどのように広がってどのような成果が得られるのかは、究極的には誰にもわかりません。私の場合も、結局のところ最後には「ゲノムの持つ可能性を信じる」という私の主観をもって事業を始めることになりました。特に変化が大きく予測できない環境においては、最後に決断する決め手になるのは主観です。

ここで大事なのは、主観だけが大事というわけでは決してなく、何が客観で何が主観なのか、お互いの補完関係を明確に認識しておくべきだということです。

たとえば、新規事業を進めたいから意図的に有利なデータを集めてしまうとか、逆にやりたくないから類似の失敗事例を集めるなど客観と主観を混ぜてしまうと、何に基づいて判断しているのかわからなくなり、意思決定をしづらくなります。

「客観的な情報ではこのような可能性があるが、自分がやり切りたいという主観的な強い気持ちもあります」と切り分けて説明できるとより強い説得力を持ちます。個人の人生における決断も同様です。

一方で予測可能性が高い環境では、冷静に収集した客観的な情報が武器となります。まず扱う意思決定が予測可能性が低い領域か高い領域かを見極め、もし高い領域だと考えるならその理由もしっかり説明することが、望む未来へと向かう上では重要となります。

どんな課題にも必ずビジョン（ストーリー）が存在する

「この手段を使い、こういう未来を作りたい」という主観は、起業の世界においては「ストーリー」と呼ばれているものです。ストーリーは、単に「これを実現する」というゴール地点だけを指すものではありません。過去から現在における問題点を明示しつつ、「どういう手段を使ってどの課題を解決し、どういう未来を作りたいのか」という、主観も含めた一連の流れを指すものです。単に「これを実現する」という目標地点を掲げるだけでは、客観的な指標を披露する上では確かに有効ですが、人を惹きつけることはなかなかできません。

たとえば、第2章で述べたように、BMIが30以上の人は子どもを含めて世界で約7億1000万人、世界の人口の約10%を占めます。これに対して「肥満人口を1億人に減らします」というのは、一つの課題設定としては正しいでしょう。しかし、この数字だけを聞いて、この課題解決に協力しよう、資金を提供しようと考える人は少ないのではないでしょうか。

ここで、「肥満人口を1億人に減らすことで、糖尿病による人工透析や足切断を余儀無くされる人々を減らし、多くの人がより自由に活動できる社会を作りたい」と掲げると、そこに主観的な情熱が乗るようになります。糖尿病やそれに付随する疾患の辛さを回避したい、より自由に活動できる人を増やしたい、という想いに共感する人は多いでしょう。

そもそも課題というものそれ自体が、第2章で書いたように主観から生まれるものです。そのため、他者を巻き込んでより良い未来に進む上では、主観を乗せてストーリーとして語ることが欠かせません。むしろ、「肥満人口を1億人に減らします」というのは単なる数値情報であって課題ではなく、課題はその先にどのようなストーリーが描かれるかから初めて定義される（より自由に活動できる人々が増えるというストーリーがあるから初めて肥満人口を減らすことが課題となる）ものなので、ストーリーがない課題は存在しないはずです。

起業する以前、研究者としての私は、ストーリーやビジョンと呼ばれるものの重要性を理解していませんでした。学会発表の場では、「私はこうしたい」といった自分の主観的な意志は一切求められず、むしろいかに主観を排除しながら客観的な事実を述べるかこそが大切だったからです。学術研究の世界は論理の積み重ねで議論するものであり、主観はなるべく排除するべき対象でした。

しかし、経営者としての現在の私は、ストーリーを掲げて課題を解決できる状態を維持することもまた未来の人類のために必要であると考えています。それは、合理性だけでは語れない課題を解決するために、多くの人を巻き込む必要があるからです。それに、どんな課題を解決してもまた新たな課題は生まれます。

たとえ世界で肥満人口を1億人に減らすという課題を解決できたとしても、残りの1億人をどうするのかという新たな課題が生じます。が、それらに対して、新しいストーリーを示し続けることが課題解決のために不可欠であると、私は考えています。

第4章 まとめ

- 組織を構成する人自体が、生命原則に従った生命活動を行っているため、**生物の本来性を理解することがより良い組織運営**に繋がる

- 企業において一つの事業が何百年も長く続くことは稀である。刹那の強さや成功ではなく、**外界の変化へ適応しながら生き延びていくシステムをうまく存続している生命の仕組み**から学ぶことは多い

- 多様性は、ただ単純にバラバラのものが個々に存在する相対主義とは異なる。**多様性の本質とは「同質性」の土台を前提とした差異の存在**である

- **生命の仕組みは失敗許容主義**であり、失敗も成功も含む累積探索量を増やすことを良しとしている。常に変化する環境の中、短期的な成功だけを追い求めると生き残ることはできない

- 経験を積むと脳の学習機能によって過去の経験による影響を受けやすく、視野の設定が不自由になった状態（偏見）に陥りやすい

- 生命維持の仕組みと同じように、**企業経営においても複数の異なる時間軸の施策を意識して保持する仕組み**が重要

- 生命における成長と進化が異なるのと同じように、事業においても**成長と進化は異なる**という性質を理解して初めて適切な施策を考えることができる

- **予測不可能性が高い状況ほど客観より主観が重要**となる。ビジョンやストーリーは主観から生まれるものであり、曖昧な未来に対して他者を巻き込む上では重要

(1) McKinsey & Company. Diversity Matters.(2015)

(2) 入山章栄『世界標準の経営理論』ダイヤモンド社、2019

(3) Joshi A, et al. The Role Of Context In Work Team Diversity Research: A Meta-Analytic Review. *AMJ*, 2009;52:599–627.

(4) Horwitz SK, et al. The Effects of Team Diversity on Team Outcomes: A Meta-Analytic Review of Team Demography. *Journal of Management*. 2007;33(6):987-1015.

(5) 総務省『平成26年経済センサス - 基礎調査』

(6) Bejan A. Street network theory of organization in nature. *J. Adv. Transp.* 1996;30: 85-107.

(7) Bejan A. Constructal-theory network of conducting paths for cooling a heat generating volume. *Int J of Heat Mass Transfer*. 1997;40(4):799-816.

(8) エイドリアン・ベジャン『流れといのち——万物の進化を支配するコンストラクタル法則』株式会社紀伊國屋書店、2019

(9) Ressler K, et al. Genetics of childhood disorders: L. Learning and memory, part 3: fear conditioning. *J Am Acad Child Adolesc Psychiatry.* 2003;42(5):612-615.

(10) Davis M, et al. The amygdala: vigilance and emotion. *Mol Psychiatry.* 2001;6(1):13-34.

(11) Protzko J, et al. Kids these days: Why the youth of today seem lacking. *Sci Adv.* 2019;5(10):eaav5916.

(12) Geman, S, et al. Neural networks and the bias/variance dilemma. *Neural Computation*, 1992;4(1):1–58.

第5章

生命としての人類はどう未来を生きるのか

テクノロジーだけに着目せず、システム全体を思考する

最終章となるこの章では、個人の人生や組織運営の話よりも視野を広げて、社会や人類全体について話をします。

ドーキンスは「私たちには、これらの創造主（遺伝子）に歯向かう力がある。この地上で、唯一私たちだけが、利己的な自己複製子たちの専制支配に反逆できるのだ」と述べました。これまでの章で述べてきたとおり、人類は単純に生物的な本能に支配されるよりもずっと良い未来に進むことができると私も信じています。ただしそのためには、意識して思考し、行動していくことが必要不可欠です。第3章で述べたとおり、何もしなければ何も起こらないのではなく、エントロピー増大則により、あらゆるものは秩序を失う方向に進むからです。

では、今後の世界において、私たちはどのように思考し、行動していくことが必要なのでしょうか。

現代においてこれからの世界のあり方や個人の生き方を考えるときには、日々急速

に発展するテクノロジーの変化を踏まえておく必要があります。物理測定機器の発達とコンピュータの発展に伴い、情報技術業界に限らず、あらゆる分野においてテクノロジーの進歩は大きな影響を与えています。生命科学の分野でも、テクノロジーの発展によってゲノムだけでなくタンパク質、代謝物なども含めた生体分子に関するデータが膨大に得られるようになり、生命のメカニズムの解明はもちろんのこと、ゲノム編集や再生医療という次のテクノロジーを生み出すサイクルが加速しています。

急激に加速しているものは目を引きやすく、ゲノム編集や再生医療は何かと取りざたされます。ディープラーニングをはじめとするAI技術も同様です。

しかし、テクノロジーにだけ着目した議論はある種の思考停止です。AIにせよ、ゲノム編集にせよ、私たちはテクノロジーを良い方向にも悪い方向にも使うことができます。テクノロジーそのものだけに着目するのではなく、そのテクノロジーを含む私たちの世界がどうあるべきかという全体像について考える、つまりシステム全体を見る視点で考えるほうがよほど建設的だと考えています。

私はいくら今後テクノロジーが発展したとしても明るい未来はつくれると思ってい

｜図25｜　全体のシステムを見る視点

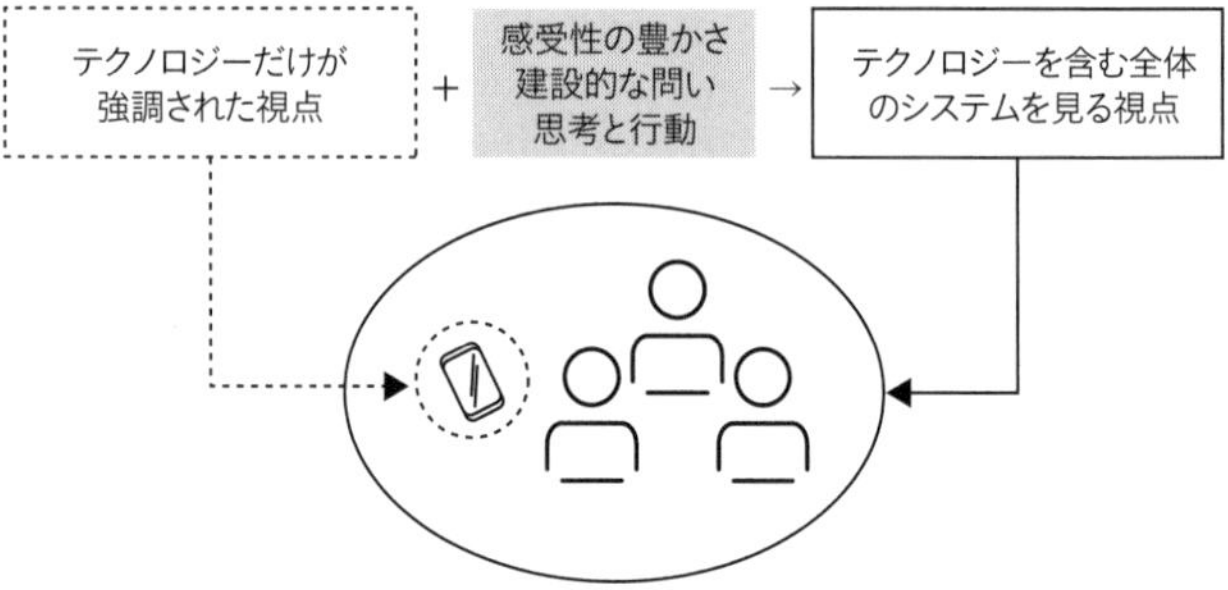

ますが、それは「人類みなが生命原則を理解した上でそれに抗い、思考をし続けた場合に限る」という条件付きだと考えています。ただ単に生物的な本能に促われて、目を引きやすいテクノロジーやアルゴリズムだけが強調されると、テクノロジーに支配されるという思考停止に陥ってしまい、ディストピアを迎える可能性もあります。

これまでの章で述べてきたとおり、永遠に新たな課題が生まれる世界の中に生きる私たちにとっての一つの希望は、「私たちが思考し、学習し、常に前進できる」という人類の特性です。具体的には、感受性豊かに自身の主観的な感情を捉え、建設的な問いを立て、思考して行動し続けることがテクノロジーが発展する世界においてはより重要になると考えています。

その際には、視点をテクノロジーを含むシステム全体を見るように、切り替える必要があります（図25）。

全体を見ずに、テクノロジーだけに執着するとどのようなことが起こってしまうのでしょうか。その象徴的な出来事が、中国で起こったゲノム編集ベビーの誕生でした。

ゲノム編集ベビーの問題は「点」思考にある

現在世界中でバイオテクノロジーの進歩によるさまざまな変化が引き起こされています。その中でも、ゲノム編集はもっとも人類の存在自体に影響を与えるものの一つです。

理論物理学者のスティーヴン・ホーキングは、遺作『Brief Answers to the Big Questions』の中で、ゲノム編集により遺伝子を改変し身体的に改良されたスーパーヒューマンの誕生と、それによる既存の人類の絶滅可能性に警鐘を鳴らしました。また、ユヴァル・ノア・ハラリの著書『ホモ・デウス』にも、遺伝子改変された新しい人類が未来を支配する話が書かれています。

2018年の11月、生命科学だけでなく世界に大きな衝撃がもたらされました。世界で初めて、ゲノム編集を用いて受精卵の遺伝子を改変した赤ちゃんが中国で誕生したのです。

ゲノム編集というテクノロジーについて簡単に説明します。ゲノム編集とは、ゲノムの配列を編集できる技術で、配列を書き換えることで生物の生命活動に影響を与えることができるものです。ゲノム編集ツールであるCRISPR-Cas9（クリスパー・キャス・ナイン）を開発したジェニファー・ダウドナとエマニュエル・シャルパンティエは2020年にノーベル化学賞を受賞しました。この技術を応用することで、難病の治療や創薬研究、さらに畜産物の育種などへの成果が期待されています。基礎研究では、生命のメカニズムの解明や遺伝子変異による病気の再現のために、すでにマウスをはじめとする多くの生物種で使われています。ヒトのｉＰＳ細胞にゲノム編集を行い、培養して細胞の状態を調べる研究も世界で日常的に行われています。

病気の治療においては、たとえば「血液のがん」と呼ばれる白血病に対して効果があると期待されています。白血球のもととなる細胞（造血幹細胞と呼ばれるもの）を採取し、白血病の原因となっている遺伝子をゲノム編集によって修復し、修復済みの細胞を患者に戻せば白血病を治療できる可能性があります。

この場合、副作用などがあったとしても患者本人のみの影響にとどまり、これから生まれる子ども（次世代）に影響はありません。白血球のもととなる細胞から、精子や卵子など次世代に影響を与える生殖細胞に変化することは決してないからです。

ゲノム編集を用いた治療法が有効なのか、安全かどうかについては臨床試験などを通じて慎重に見定める必要がありますが、（あくまで次世代に影響を与えない範囲であれば）その手順は新薬や新しい医療機器が登場したときの検証方法と同じように従えば問題ないだろう、というのが一般的な意見になりつつあります。

ところが中国で行われたゲノム編集は、受精卵に施されました。受精卵は、その子どもを形成するすべての細胞に変化する性質を持ちます。その中には、男性であれば精子、女性であれば卵子も含まれます。つまり、受精卵にゲノム編集を行うということとは子ども本人だけでなく、その子ども（孫）、さらにその先の子どもと、まだ見ぬ未来の生命にも影響を与えることになります。

今回の件では、父親がエイズの原因であるヒト免疫不全ウイルス（ＨＩＶ）に感染しており、子どもがＨＩＶに感染しないようにゲノム編集を行ったと伝えられています（「伝えられています」と表現したのは、正式に論文として発表されていないためです）。これは、広義には親が望む外見や体力・知力などをゲノムの観点から子どもに持たせる「デザイナーベビー」に該当すると考えることができます。

このデザイナーベビー誕生の事件に関してはさまざまな議論が交わされています。父親がＨＩＶ感染者であっても、精液からＨＩＶを除去してＨＩＶ感染なしに体外受精を行う技術はすでに確立されており、ゲノム編集を行う明確な理由がないことも批判を受けました。結局「ＨＩＶの感染を抑える」という目的よりも「ゲノム編集を行う」という手段が先行してしまったのです。他にも、倫理審査が不明瞭であること、第三者の査読付き科学雑誌ではなくYouTubeに投稿して発表したことなども問題視されています。しかし個人的には、この問題の本質はそもそもデザイナーベビーが時間的・空間的に「点」思考であることだと考えています。

空間的視野において考えれば、個体は環境に影響を及ぼし、環境もまた個体に影響を及ぼします。しかし、デザイナーベビーは、その子が生まれるということで、その子を取り巻く環境がどう変化し、空間的にどう影響を与えるのかという視点が抜け落ちています。

時間的視野においては、個体内での変化、世代を超えた変化、人類レベルでの変化、生物の全体レベルでの長期的な変化などの多様な時間軸で捉える視野が存在し、これらは互いに影響を与え合っています。したがって、ある個体にゲノム編集をする際には、短期的視点はもちろんのこと、長期的視点も含めたあらゆる時間軸での視点を考慮しなければなりません。ですが、デザイナーベビーは長期的な変化に対する影響などで、その考慮を欠いています。時間軸上における「線」を考えない、時間的「点」思考であると言えます（図26）。

「世界で初めてゲノム編集をヒトの受精卵に応用する」というテクノロジーにだけ焦点を当てるのではなく、長期的な視点で人類にとって良い未来にするためにゲノム編集をどのように活用すればよいか、テクノロジーを含むシステム全体を見る想像力が必要だったのではないかと私は思います。

時間軸上の流れについて考えれば、たとえば「ゲノム情報を個人がどのように扱えばよいのか」という議論は、2003年にヒトゲノム計画が完了した時点で、テクノロジーの発展を見据えて先んじて始めておくべきでした。テクノロジーが今後発展する前提で、時間という「流れ」を意識するのが正しい思考だと私は考えています。

現在世界では気候変動や伝染病、飢餓など多くの問題を抱えています。国を越えてそれらの問題を解決するために国連サミットで2015年に採択されたのがSDGsです。SDGsは2030年までに、持続可能でより良い世界を目指すための国際目標ですが、もし2030年にすべての目標が達成されたとしても、必ず2030年には新しい問題が起こっています。デザイナーベビーはその一例に過ぎません。現在の問題を乗り越えた先にどのような世界があるのかという未来も含めて、私たちは思考していく必要があります。そしてその際は、時間的・空間的「点」思考から離脱し、その行為がさまざまな大きさの時間的・空間的視野においてどのような

| 図26 | 時間的・空間的「点」思考

◎時間的「点」思考

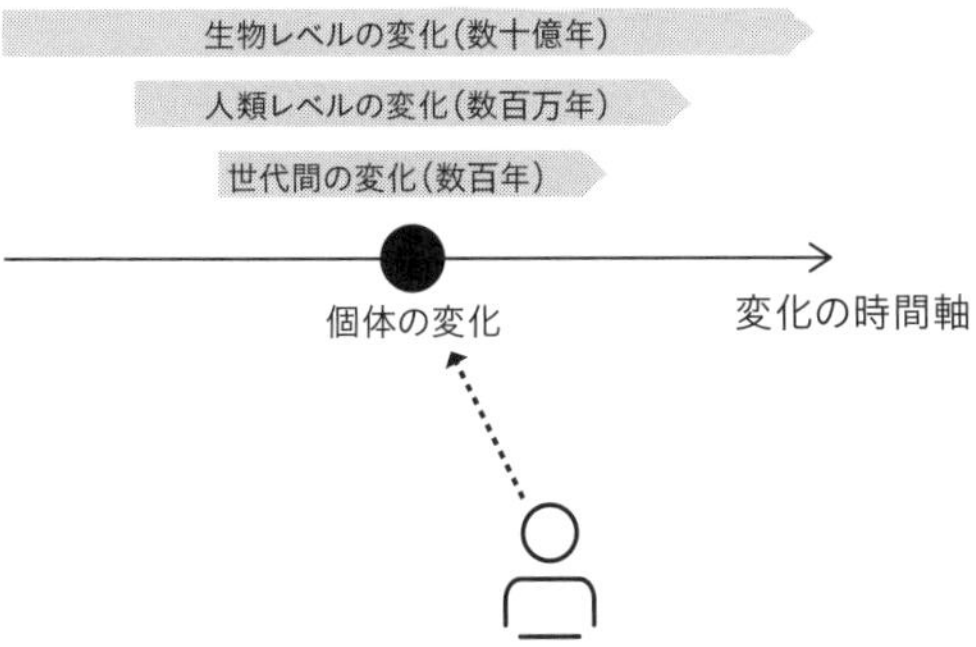

変化にはさまざまな時間軸が存在するがデザイナーベビーは
短期的な「点」しか見ていない

◎空間的「点」思考

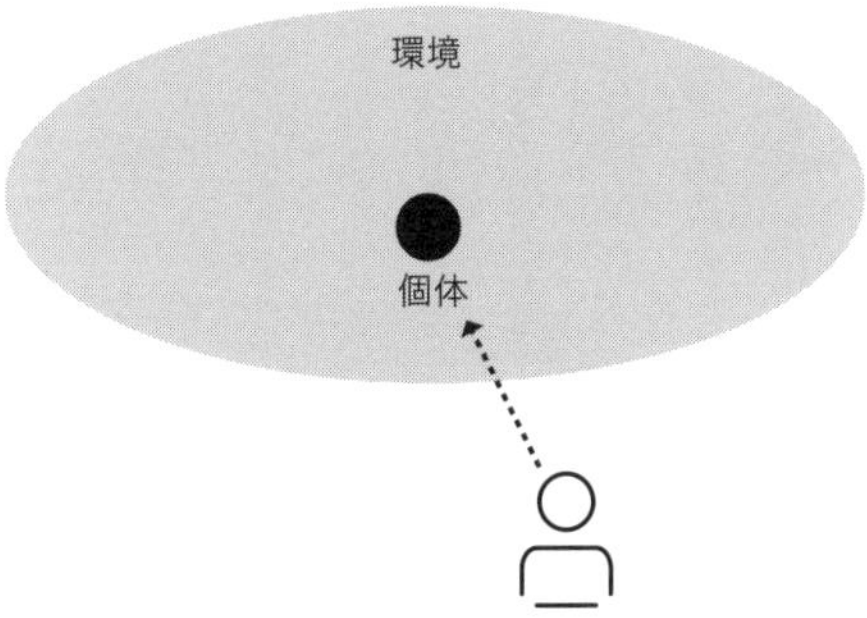

個体と環境は互いに影響しあっているがデザイナーベビーは
個体という「点」しか見ていない

影響があるのかという「線」思考を前提とする必要があるのです。

生命の「わからなさ」への謙虚さ

デザイナーベビーに関する生物学的問題についても解説します。

先ほどの中国の報告では、子どもがＨＩＶに感染しないようにゲノム編集を行った遺伝子はＣＣＲ５というものでした。この遺伝子によって作られるタンパク質が白血球の表面に存在するため、ＨＩＶはこのタンパク質を目印に白血球へと侵入します。ＣＣＲ５の特定の場所が変化した人はＨＩＶに感染しにくいことがヨーロッパ人の研究で明らかになっているため(1)、海外では実際にエイズ患者からＴ細胞や造血幹細胞を取り出し、ゲノム編集でＣＣＲ５を変化させた細胞を患者に戻す臨床試験が進められています。今回のデザイナーベビーも、これらの事実をもとにＣＣＲ５遺伝子にゲノム編集を行ったとされています。

しかし、ＣＣＲ５が変化することでＨＩＶに感染しにくいという事実はヨーロッパ人の実績によるものであり、アジア人で同様のことがいえるかについての研究はまだありません。また、CCR5の変化はHIVの感染抑制につながる一方で、インフルエンザウイルス感染による死亡率が上昇するという報告もあります(2)。エイズ患者における臨床試験の場合には、こうしたリスクを患者本人が認識した上で同意して行われますが、デザイナーベビーとなる子ども自身には事前合意も選択の余地もありません。

そもそも、CCR5がどんな役割を果たしているのかすら、人類は完全に理解していません。ゲノム編集ベビー誕生の報告があった翌年には、CCR5の変化は平均寿命を短くするという論文が発表されましたが、その後その論文が撤回されたという出来事も起こりました。つまり、CCR5の機能には未知な点が多く、改変によってどんな影響が現れるのかもわからないのが実際のところです。

人間は、どうしてもコントロール可能に見える世界に視野が固定されてしまいます。確かに生命科学は21世紀に入ってから大きく進歩し、これまでにないスピードでさまざまなことがわかってきています。しかし、だからといって「生命のことがほとんどわかった」と考えるのは、生命に対する謙虚さが欠けています。現在解明されているものは、実は全体の半分くらいしかわかっていないのかもしれないし、もしかしたら1%もわかっていないのかもしれません。このままデザイナーベビーを受容し、ヒトのゲノムを変化させてしまえば、まったく予期せぬ変化をもたらし人類全体を滅ぼしていく可能性が大いにあるのです。

生命は40億年近い歴史を持つ存在です。全貌の解明に潔く挑戦しつつも、一方では謙虚な姿勢でいることが大事だと考えています。

ゲノム編集が当たり前になる未来へ向けて

私たちは、現在の問題を乗り越えた先にどのような世界があるのか、感受性豊かに自身の主観的な感情も取り入れ、未来も含めて思考する必要があります。ここでは思考実験として、スーパーヒューマンvs自然という論点で、読者のみなさんにも自分なりの意見を考えていただければと思います。

スティーヴン・ホーキングが提唱したとおり、遺伝子改変によるスーパーヒューマンの誕生は、今後技術的には十分起こりうることです。アメリカの遺伝学者であるジョージ・チャーチは一歩進んで、改変したらメリットが得られることが現時点で想定されている、人類強化遺伝子リストを公開しており(3)、その中には先ほどのCCR5の他に、たとえばMSTN遺伝子を改変すれば大きな筋肉が得られる、などと挙げられています。ただ、たとえば痛みの感受性に関わるSCN9A遺伝子のように、改変することで生じるデメリットが未知のものや、変化させると骨格は強くなるが水中における浮力低下の懸念があるLRP5遺伝子のように、何らかの害があるかもしれないものもあります。

こうしたデメリットについても、未来では遺伝子のネットワークが解明されて、他の遺伝子のメリットでカバーできる可能性は十分考えられます。もしくは、多少のデメリットには目をつむり、メリットを積み重ねて「スーパーヒューマン」とも呼ぶべき超人を人工的に生み出すことも不可能ではないでしょう。

遺伝子の機能と体の何らかの性質は1対1で対応するような単純なものではなく、

遺伝子同士で複雑なネットワークが形成されており、何か一つの遺伝子の機能が変化すると多くの遺伝子の機能にも影響を与え、複数の性質に影響を与えると考えられています。現在はまだその複雑なネットワークのごく一部しか明らかになっていませんが、約80年後の22世紀になればネットワークの詳細まで解明されるはずです。そして、ゲノム編集を用いて遺伝子を変化させることで、ネットワーク全体にどのような変化を及ぼし、その結果体の性質がどのように変化するのかという予測の精度は大きく向上すると考えられます。

また、ゲノム編集では、狙った場所とは違う場所のＤＮＡも変化させてしまう「オフターゲット効果」という副作用のようなものが存在しますが、こちらも今後テクノロジーが進化すれば限りなくゼロに近づいていくはずです。あるいは、現在のゲノム編集とは仕組みがまったく異なるＤＮＡ改変技術が誕生し、オフターゲット効果の懸念が解決される可能性もあります。

そうなれば、遺伝子を改変すべきかどうかの議論ではなく、得られるベネフィットとリスクを天秤にかけてどの遺伝子を改変してもよいかという議論に移行していくだろうと思われます。

21世紀の初め、ヒトゲノム計画の完了時に日本では「ゲノムをどう扱うべきか」という議論が抜け落ちたまま現在に至ってしまいました。この過去の反省を活かし、まだ遺伝子改変が一般的に普及するほど安定した技術ではない現在の段階で、今後遺伝子の機能がどんどん解明されていき、ゲノム編集というテクノロジーもさらに発展していく前提に立った上で、「どの遺伝子なら改変してもよいか」という議論を始めておくべきだと私は考えます。みなさんならどう考えるでしょうか。

答えはみなさんそれぞれ異なると思いますが、ゲノム編集自体は難病治療に期待されており、技術的な安全性の担保を前提とすれば重篤な遺伝性疾患の治療には応用してもよいのではというのが私の個人的な見解です。どこまで許容するかは程度問題ですが、難病治療への応用に留めるのが、人類としての多様性も失わない範囲で最大のメリットが取れるラインなのではと、個人的には考えます。

スティーヴン・ホーキングは、人類全員がスーパーヒューマンになる選択肢を手にする一方で、「遺伝子改変は自然の行為に反する」と主張し、遺伝子改変を行わない人々が一定数存在して現行の人類は二分されていくと述べています。それでは、ここで遺伝子改変反対派が言う「自然」とは、一体何でしょうか。

私たちの生活には、電気やコンクリートは欠かせません。「自然派」と自称している人々も、自然派としての取り組みをSNSなどを通じて発信していたりと、人工的なテクノロジーと無縁ではいられません。

私は、人間は完全な意味で自然に生きることなどはありえないと考えています。正確に言うと、「自然」と「人工」は二分できるものではなく、二者のグラデーションの中でしか生きられないのではないでしょうか。

かつては人工的だとして忌避されたものでも、現代では当たり前のように受け入れられているものは多くあります。生命科学の分野では、体外受精が良い例です。体外受精による赤ちゃんがイギリスで初めて誕生したのは1978年。当時は反対意見も多くあったようですが、本書を書いている時点での最新のデータでは、2018年に体外受精によって生まれた子どもは日本産科婦人科学会の統計によると国内で5万6979人(4)。同年に生まれた子どもの合計数は、厚生労働省の統計によると91万8400人なので(5)、約16人に1人が体外受精によって生まれたことになります。小学校の1クラスがおおよそ30人だとすると、1クラスに1人か2人は体外受精で生まれた子どもがいることになり、さほど珍しいわけではありません。

体外受精と同じように、ゲノム編集も自然か人工かという二分法で考えられるものではなく、テクノロジーの進歩によって段階的に人々に浸透していくのは避けられないと考えます。ならば、どううまく付き合っていくか、という話こそが重要になってきます。

ホーキングが提唱したスーパーヒューマンvs自然（既存の人類）という区分のうち、みなさんは自身や家族、世界中の人々がどちら側の人間になると良いと考えるでしょうか。ゲノム編集に限らず、これから人類が行うことが未来にどう影響を与えるのか、より良い未来を設定したときに逆算して今何をすべきなのかという未来思考こそが重要だと私は考えています。

人類は常にもっとうまくやれる、次の考え方

本書では「生命原則を客観的に理解した上で主観を活かす思考法」について話をしてきましたが、後半の「主観を活かす」ことについては、かつて哲学者ジャン＝ポール・サルトルが提唱した実存主義に近いものがあります。サルトルは、実存が本質に先立ち、どんなことも自分の行動によって意味が変わる、主体に基づけば我々は常に自由であると説きました。人間は自ら世界を意味づけ、行為を選択し、自身で意味を生み出さなければならないと説いており、つまり本書でいう「生命原則を客観的に理解した上で主観を活かす思考法」後半部分の「主観」こそが大事だという考え方です。

しかし実際にはその時代に、第二次世界大戦後の食糧危機や就業困難などの混乱、東西冷戦やキューバ危機が起こり、第三次世界大戦への緊張も高まるなど混沌とした世界で、個人の主観・主体だけでは対処できない問題が多く生じました。その結果、個人の主観ではなく社会の構造を変えようとする構造主義が台頭します。しかし、主観だけでは世界の問題に太刀打ちできず、客観的に構造を捉える構造主義だけでも現

実は変わっていません。このような状況にこそ、「生命原則を客観的に理解した上で主観を活かす思考法」が重要となります。つまり、主観に基づく行動を、私たちヒトという生物に対する客観的理解を持った上で実行するということです。

なぜ主観を活かす上で生命原則を客観的に理解することが大事なのか。それは、科学の知見を獲得し客観的にヒトという生物の性質を知ると、人間は自らの固定された視野から解放され、ただ本能のままに物事を捉えるよりも主観（本書でいう、個人が特有に持つ意志）を洗練させることができるからだ、と私は考えます。

人間の本性については性善説と性悪説の二つの考え方があります。どちらを支持するのか、あるいは両方支持するかどうかはその人の主観が形成すると思われますが、主観によって決まると思われがちなこれらの考え方の選択にも、科学の果たす役割は大きいと私は考えています。

人類は集団生活によって繁栄してきた中で、人のことを思いやる性善的な性質と、他の動物や他者を欺いたり陥れたりする性悪的な性質の両方を持つことで生き残ってきました。私たちは両方の側面を同時に持っており、その時々の場面や個体が置かれている環境によってどちらかの面が引き出されます。

同じ包丁一つとっても、料理で人々を幸せにすることもできれば、殺人事件を起こすこともできてしまいます。同じように現在、我々は急速に発展した科学によって人類を幸福に導くこともできれば滅亡させることもできる力を手にしました。だからこそ科学は、ディストピアを作るものであってはならず、人類の性善的な側面を引き出すものであるべきだと考えています。

これは私自身、起業して社会と関わるようになってからより強く認識するようになったことです。起業する前は、科学は性善説に立つということが当たり前でした。そして起業をして、ゲノム情報を活用する事業を展開することに対してさまざまな意見をいただく中で、あらためてサイエンスは性善説に立つべきものだということを認識しました。たとえば、私が取り組んでいる遺伝子解析サービスは、ユーザーに特定の体質と健康リスクの遺伝的傾向をお知らせすることで、その方の病気を未然に予防することに役立てることを目指しています。ただ、ゲノム解析技術そのものは、使いようによっては遺伝子差別を拡大させるなど悪い方向にいくらでも活用できてしまいます。

科学者が性善説に立つことで、初めて科学は人類にとって価値を持ち、その価値が科学者を科学者たらしめます。科学をディストピアに活用することは、科学者にとって自家撞着のようなものです。

科学を発展させることは、人類や地球にとって良いことであるという前提に立つかぎりにおいて、科学は、私たち人類と生物にとってなくてはならないものです。

科学は新たなテクノロジーを生み出し、知識を提供し、私たちの価値観を大きく変えていきます。大きな変化が訪れたとき、どうしても最初は戸惑いが生まれます。多少の間違いも犯してしまうかもしれません。しかし、これだけサイエンスが発展する現代では、テクノロジーによる変革を止めることはできません。ならば、変革を受け入れて、うまく前に進むことこそが、今の人類には求められているのではないでしょうか。

人類の継続的な幸福の達成のためにできることを考えると、未来差分を発信して行動することも一つの解だと思いました。たとえば生命科学者なら「ここまで生命の可能性を広げることができる」と、宇宙科学者なら「人類はここまで未踏の地に行けるのだ」と、未来の差分を世界に映し出し、それを自分がやるのだと行動に移して生きていく、ということです。

変革をどのように受け入れ、どのような良い未来を思い描き、どう前に進むか。それこそが「思考」であり、人類の唯一の希望であると私は考えています。本書で述べてきたとおり、思考停止に陥って生物的な本能のままに生きるのではなく、「生命原則を客観的に理解した上で主観を活かす思考法」で思考し、行動し、情熱を注ぎ続けるものとして、これからも人類が存在し続けてほしいと私は切に願っています。

第5章

まとめ

- 課題の絶えない世界の中では、**生物的な視点と後天的に備えた知性を持った上で思考し、行動を選択する**ことが重要。私たちは常に「思考し、学習し、前進できる」

- テクノロジーの変化が速い時代には特に、時間的・空間的に「点」思考に陥らずに**視野の設定を適切にコントロールしながら考え選択する**必要がある

- テクノロジーの変化が速い時代には、コントロール可能に見える世界に視野が固定されがち。テクノロジーの可能性を追求すると同時に**生命に対する謙虚さも必要**

- スーパーヒューマンは将来技術的には十分実現可能。自然ではないことを根拠に反対を受ける可能性が高いが、そもそも完全なる自然は存在しない。技術的に可能な未来を、良いものにできるか悪いものにするかは、私たちの知性に依存するため、**早期から議論しておくことが必要**

- 科学は人類にとって良いものにも悪いものにもなりうるが、科学とテクノロジーの発展が止められない以上、私たち人類は**良い未来を思い描き、そのために思考と行動を積み重ねる**存在であり続けてほしい

(1) Dean M, et al. Genetic restriction of HIV-1 infection and progression to AIDS by a deletion allele of the CKR5 structural gene. Hemophilia Growth and Development Study, Multicenter AIDS Cohort Study, Multicenter Hemophilia Cohort Study, San Francisco City Cohort, ALIVE Study. *Science*. 1996;273(5283):1856-1862.

(2) Falcon A, et al. CCR5 deficiency predisposes to fatal outcome in influenza virus infection. *J Gen Virol*. 2015;96(8):2074-2078.

(3) George M. Church webpage http://arep.med.harvard.edu/gmc/protect.html

(4) 日本産科婦人科学会『ARTデータブック2018年』

(5) 厚生労働省『平成30年(2018)人口動態統計』

本書全体のまとめ

個人の人間関係の問題や組織や社会で起こる課題はほぼすべて生命原則に基づいて生じるが、それを理解した上で、**視野を自在に切り替えて思考し、主観を見出し行動に移せば、自然の理に立脚しながらも希望に満ちた自由な生き方ができる。**

おわりに

執筆をしている2020年現在、私の中にはまだこの世に生まれていない新しい生命が宿っています。生命科学について研究してきた私がその生命について執筆作業を行っている最中に、私の身体の中では新しい遺伝子を持つ生命が神経細胞を作製したり、各臓器の発生過程のための遺伝子発現をコントロールしたり、この世界に新生する準備を進めていると思うと不思議な気持ちになります。

これから間もなくして生まれてくる娘と、これからの未来を生きるすべての人たちへ伝えたいことがあります。生命科学について研究しその仕組みを知れば知るほど感じるのは、生命とはなんと緻密かつ大胆で神秘的な機構を持っているのか、ということです。そこにいるというだけで、生命はその存在自体が尊いのです。外を歩けば、風の中凛として咲く花を誰もが美しいと感じるように、暮れていく夕日で燃える空に誰もが息をのむように、この世界に対する肯定感を持つのと同じくらい自然な感覚として、生命の尊さへの感情は人間の中に存在します。みなさんが生命として存在するだけでただ尊く素晴らしいということには一点の曇りなく、間違いがないと確信しています。

一方で、生まれてきたそれだけで尊いことと、思考を止めて何もしなくていいことは同義ではありません。むしろ、生命としてありのままの存在で尊いと自己を肯定し自分の存在に自信を持つことで、より一層自らが本来持つ力を引き出す新しい挑戦が可能になると私は考えています。逆説的ではありますが、みなさんの存在がありのままで尊いということが、みなさんの存在を新しいものへと進化させるのです。

これまで本書で述べてきたとおり、生命は個体として生き残るための機能として利己的な性質も持っていますが、生命は自らを進化させる力も創造する力も本来持ち併せています。

生まれてきた世界は生易しいものでもなく、逆に残酷なだけのものでもありません。世界は純粋に存在するだけであり、それを残酷な世界にしたり素晴らしい世界にしたりするのはいつも私たち人間の方です。世界や生命の構造と仕組みを知り、曇りのない目でまっすぐに見つめてほしい。希望を失わずに、かといって思考停止の楽観に陥らずに、主体的に未来を創る生命体であってほしい、と思います。

私たち人類は、考えることができるという知性を捨ててはならず、利己的な遺伝子を持ち自然の理に立脚しながらも、私たちが持つ思考できるという知性を使いながら希望に満ちた自由な生き方を選択できます。これから待つ世界がどのような混沌とした世界であったとしても、自身の知性を活かしていくことが一番大事だと思います。


私はこれまで、研究者として、生命科学分野のあらゆることについて考える機会が多くありました。それは、これまで私に関わり、議論し、指導をしてくださったみなさまから知見を共有いただいたおかげであり、ディスカッションを重ねることができた時間とご縁は私にとっての財産です。心から感謝申し上げます。数えきれないほど多くの友人や先輩後輩、会社のメンバーに支えていただき、その温かさに感動し涙することもありました。

本書の執筆にあたって、編集者の井上慎平さんには、的確なアドバイスもさることながら私の妊娠を経する中での執筆で多くのお心遣いをいただきながら支えていただいたこと、感謝申し上げます。また本書の執筆にあたって、サイエンスライターの島田祥輔さんが、全面的に支援してくださいました。難解な内容を発してもめげることなく形にしようとご尽力くださったお二方に心から感謝いたします。また、私が運営する生命科学系オンラインサロン「高橋祥子ラボ」の書籍プロジェクトメンバーである今瀬稀子さん、太田尚宏さん、岡本佳祐さん、小川典良さん、黒須知美さん、齋藤譲一さん、佐藤弘樹さん、高村健一さん、武田正資さん、多門伸江さん、中後孝洋さん、前納孝太さん、矢澤啓之さん、山田昇平さんには、時間をかけて多くのフィードバックをいただき本当にありがとうございました。

最後に。私に、生命の美しさと思考の自由さを教えてくれた、私に関わりのある人間の方々すべて、またその方々をも構成する世界中の、細胞、遺伝子、すべての生命に感謝します。

2020年　高橋祥子

T細胞

血液に含まれる、免疫細胞の一種。主にキラーT細胞（細胞障害性T細胞）とヘルパーT細胞に大別される。細胞障害性T細胞は、ウイルスに感染した細胞やがん細胞などを直接攻撃し、ヘルパーT細胞は他の免疫細胞の機能を調節する。造血幹細胞から作られるが、その場所が胸腺（thymus）であることが名前の由来。

LRP5
低密度リポタンパク質受容体関連タンパク質5（low-density lipoprotein receptor-related protein 5）の略称。骨形成に関わり、骨量や骨強度に影響を与えていると考えられている。

MSTN
ミオスタチン（myostatin）の略称。骨格筋が増えるのを抑える機能があるタンパク質。MSTNを作らない、またはMSTNが十分に機能しないような遺伝子変異があると筋肉量が増える。肉牛における肉の品質や量に関わるため、肉牛でもよく研究されている。

RBFOX1
RNA結合Fox-1ホモログ1（RNA binding Fox-1 homolog 1）の略称。神経発達に関わるタンパク質で、自閉スペクトラム症や攻撃性と関係するという研究成果がある。

RNA
リボ核酸（ribonucleic acid）の略称。似たものに二重らせん構造をとるDNAがあるが、RNAは基本的に一本鎖の紐状である。また、DNAの塩基はアデニン（A）、チミン（T）、グアニン（G）、シトシン（C）の4種類だが、RNAはTの代わりにウラシル（U）がある。DNAからタンパク質が作られる際、最初にDNAの塩基配列をもとにRNAが作られ、RNAの塩基配列をもとにアミノ酸がつながり、タンパク質が合成される。21世紀に入ってから、タンパク質合成に関わらずにRNA単独で機能するものが多く発見されている。たとえば、ゲノム編集であるCRISPR／Cas9ではDNAの切断箇所を決めるためにRNAを使っているが、これは細菌が外敵のDNAを認識するためにRNAを使う仕組みを応用したものである。

SCN9A
電位依存性ナトリウムチャネルアルファサブユニット9（sodium voltage-gated channel alpha subunit 9）の略称。痛みを脳に伝える神経細胞で必要なタンパク質。このタンパク質を作ることができない遺伝子変異を持つ人は、生まれつき痛みを感じることができない。

S字曲線
時間や量を増やしたとき、最初は効果があまり見られないが、あるときから効果が急激に大きくなり、一定の水準に到達すると伸びなくなるグラフの形。ある空間に微生物を閉じ込めておき、十分な栄養と適切な温度で飼育すると、最初は増殖スピードはゆっくりだが、途中から指数関数的に増加する。しかし空間には限りがあるため、無限に増え続けることはできず、ある段階で増える量と死ぬ量のバランスが取れるので最終的には横ばいになる。薬の効果や、感染症による感染者拡大もS字曲線をとる。

| ま |

ミーム
次世代に受け継がれていくもののうち、遺伝子であるDNAのような物質としてではなく、実態のない情報として受け継がれていくものを指す概念。人類の物語や習慣、伝統、宗教など、社会的・文化的な情報やシステムを意味することが多い。生命がDNAのコピーミスによって進化するように、ミームもまた人間同士のコミュニケーションによって進化（変化）する。イギリスの動物行動学者・進化生物学者であるリチャード・ドーキンスが1976年に出版した『利己的な遺伝子』の中で初めて提唱した。

| ら |

レアバリアント
ある集団において1%未満にしか見られない、遺伝子の塩基配列の違い（5%を基準にすることもある）。遺伝子変異のこと。病気リスクや個性の違いに影響を与えていると考えられているレアバリアントもある。

| ABC |

BDNF
脳由来神経栄養因子（brain-derived neurotrophic factor）の略称。脳内の大脳皮質や海馬、小脳だけでなく、肺や心筋などでも作られており、神経細胞から細胞外に放出されて神経伝達の長期的な増強、記憶や学習の形成や維持にも関わっている。

CCR5
C-Cケモカイン受容体5（C-C chemokine receptor type 5）の略称。白血球の表面に存在するタンパク質で、ヒト免疫不全ウイルス（HIV）が白血球に侵入するときの目印にしている。

DNA
デオキシリボ核酸（deoxyribonucleic acid）の略称。デオキシリボース、リン酸、塩基から構成されており、塩基にはアデニン（A）、チミン（T）、グアニン（G）、シトシン（C）の4種類がある。デオキシリボース、リン酸、塩基4種類の化学的な性質により、DNAは全体として二重らせんの構造をとり、さらに塩基は内側に向かって伸びていることから、右回りにねじれたハシゴのような形をとる。向かい合っている塩基は、AとT、GとCが必ず対になる。遺伝情報の観点からは、特に4種類の塩基の並びが重要であり、4種類の塩基の並び方をもとに、タンパク質を作るアミノ酸の並び順が決まる。

ミノ酸が代謝されてできる代謝物であり、この血液内濃度が高いほど腎臓の機能が低下している。最近の生命科学の研究では、代謝物一つひとつを調べるのではなく、数千種類以上の代謝物を丸ごと調べる「メタボローム解析」という技術が使われている。メタボローム解析を使うことで、細胞内の代謝の仕組みを明らかにするだけでなく、病気の診断などに活用できる代謝物の探索も行われている。

タンパク質

生物を構成する主な分子の一つで、食べ物を分解する消化酵素、赤血球内で酸素を運ぶヘモグロビン、筋肉繊維であるアクチンやミオシン、DNAを複製するDNA合成酵素など、生命活動を支える物質。ヒトの場合は数万種類ある。タンパク質は数百個のアミノ酸がつながったものである。タンパク質を構成するアミノ酸は20種類あり、どの順番で並べるかは、遺伝子となるDNAの塩基配列が決めている。「遺伝子は生命の設計図」とよくたとえられるが、設計図をもとに実際に作られる部品がタンパク質であるといえる。タンパク質と、タンパク質による化学反応によって作られる代謝物が集まったものが細胞であり、生命である。

動的平衡

物理学や化学において、互いに逆向きの過程（運動や化学反応など）が同じ速度で進むことにより、全体としては変化していないように見える状態のこと。生命科学では、本来の動的平衡の定義を拡大解釈して、細胞や分子が壊れながら新しく作られることで全体を維持している仕組みを動的平衡と呼ぶことがある（正確には「定常状態」と表現するのが正しい）。たとえば、赤血球の寿命は約120日、腸の上皮細胞の寿命は3〜4日だが、常にこれらの細胞が作られ続けているために、全体としては一定の細胞量が保たれている。細胞単位だけでなく、細胞内の分子も同様である。

ドーパミン

神経伝達物質の一つで、興奮を別の神経細胞に伝える物質。

| は |

ペプチド

生体内にある物質の一つで、アミノ酸が数個〜数十個つながったもの。アミノ酸が約50個以上つながったものはタンパク質と、アミノ酸の長さ（個数）によって区別している。「幸せホルモン」と呼ばれるオキシトシンや、血液中で血糖値を下げるインスリンなどがある。

| さ |

自己増殖能
自分で自分のコピーを作る能力、性質のこと。生物において細胞分裂は、自己増殖能があることで初めて実現している現象である。特に単細胞生物では、細胞分裂イコール自分自身を増やすことであり、生物（細胞）の本質の一つでもある。

シナプス
神経細胞同士をつなげている接続部のこと。ヒトの脳には約1000億個の神経細胞があるが、シナプスはその数千倍以上ある。シナプスの数や接続の強さが、記憶や脳内の処置に関係すると考えられている。脳内のシナプスでは、神経細胞同士は物理的に接触しておらず、20ナノメートルの隙間がある。ある神経細胞から放出された神経伝達物質を次の神経細胞が受け取ることで、信号を伝達する。

神経伝達物質
ある神経細胞から次の神経細胞に情報を伝えるために、神経細胞から放出される物質。一つの神経細胞の端から端までは電気信号で伝わるが、別の神経細胞に情報を伝えるために神経伝達物質を放出する。受け手となる別の神経細胞には神経伝達物質を受け取る特別な分子（受容体）がある。神経伝達物質には、興奮を伝えるグルタミン酸、ドーパミン、アドレナリン、興奮を抑えるグリシンやGABAなど、さまざまな種類がある。

生殖細胞
生殖に関わって遺伝情報を次世代に伝える細胞。人間を含む動物の場合、精子と卵子が生殖細胞にあたる。正確には、精子を作り出すもとの細胞である精原細胞や、卵子を作り出すもとの細胞である卵母細胞も生殖細胞に含まれる。植物では、花粉の中にある精細胞と、雌しべの中にある卵細胞、他にも胞子が生殖細胞である。

造血幹細胞
赤血球や白血球など、血液細胞のもととなる細胞。iPS細胞やES細胞のように、自分自身は無限に増殖でき、複数の細胞の種類に変化できる性質を持つ。

| た |

代謝物
生体内の化学反応（代謝）によって生じた物質のこと。代謝物の中には、細胞分裂や恒常性に必要なものもある。血液には多種多様な代謝物が存在し、病気との関係を示すものは「バイオマーカー」と呼ばれている。たとえば、血液検査の項目にあるクレアチニンは、クレアチンというア明らかにすることである。生物の設計図を1冊の本にたとえると、ゲノムは全部の文章、遺伝子は一つひとつの意味のある単語、DNAは一文字一文字となる。

ゲノム編集

ゲノムの実体であるDNAの塩基配列を変えること。遺伝子組換えが「他の生物の遺伝子を組み込む」のに対して、ゲノム編集は狙った場所のDNA配列を切断し、自然に修復するときのエラーを利用して塩基配列を変える。ゲノム編集そのものは1990年代後半からあったが、2012年に発表されたCRISPR／Cas9（クリスパー・キャスナイン）という方法はこれまでより格段に簡便でコストが下がり、世界中の生命科学・医学の研究室で普及した。CRISPR／Cas9を開発したエマニュエル・シャルパンティエ博士とジェニファー・ダウドナ博士は、その功績により2020年ノーベル化学賞を受賞した。

恒常性

体温や血圧など、生体内で変動があっても、一定の状態に保とうとする性質。他にも、免疫機能、ホルモンの分泌、交感神経と副交感神経のバランスなどがある。生体内や生体外で変化があっても、生体の状態が一定に保たれるために生物として存在できることから、生物を生物たらしめている性質の一つである。病気や老化は、恒常性が乱れた状態であると考えることもできる。

合成生物学

生物を分子の集合体とみなし、分子を人工的に合成、混合して生物や細胞を再現することで、生命現象を明らかにしようとする学問。たとえば米国の分子生物学者クレイグ・ヴェンター博士は、DNA100万塩基対をすべて人工的に合成し、それを細胞に移植して細胞分裂を引き起こすことに成功したが、これも合成生物学の一つである。また、細胞を生産工場に見立て、有用物質を作るようにデザインすることも合成生物学であり、食糧やエネルギー問題を解決する手段として注目されている。一方で、危険な病原体を人工的に作ることも理論上は可能であり、将来を見据えた議論が必要とされている。

コピーミス

細胞が分裂するときには、事前にDNAを正確に複製（コピー）する必要があるが、そのときにDNAの一部が正しいコピーに失敗すること。細胞増殖に関わる遺伝子にコピーミスが起き無秩序に細胞分裂を繰り返し、免疫の破壊能力を超えて増え続けるようになったのががん細胞である。精子、卵子、受精卵でコピーミスが起きると、子どもの全細胞で同じゲノムの変化が起き、次の世代に受け継がれる。コピーミスは、意味のない変化もあれば、がんのように有害なものもあるが、中には新しい遺伝子を獲得する場合がある。コピーミスがあることで生命に多様性が生まれ、進化の原動力にもなっている。

ゲノムは環境によって変わり、ゲノム(遺伝子全体)の使い方が変わることで細胞の性質などが後天的に変化できる。ゲノムが同じ一卵性双生児でもエピゲノムは異なる。がんや糖尿病など、病気と関係するエピゲノムの研究も進んでいる。

エントロピー

物理学の一分野である熱力学の用語で、物事の無秩序の度合いや乱雑さを示す指標。秩序が低い(乱れる)ほど「エントロピーが高い」と表現する。たとえば、ホットコーヒーに角砂糖を入れると、角砂糖は自然に溶けるが、このとき「角砂糖が溶けていない」状態が「エントロピーが低い」状態であり、「角砂糖が溶けた状態」は「エントロピーが高い」状態と表現できる。

エントロピー増大則

物事の変化は、常にエントロピーが高くなるように起きることを表す法則。宇宙全体に及ぶ絶対的な法則であり、太陽系の形成、水の流れ、ホットコーヒーに角砂糖が自然に溶ける現象も、すべてエントロピー増大則に基づいている。もし、エントロピーが減少することがあれば、角砂糖が溶けたホットコーヒーから角砂糖が形作られることになり、時間が巻き戻っているように見えるはずである。クリストファー・ノーラン監督の映画『TENET テネット』(2020年)では、エントロピーが減少して時間が逆行する世界を描いている。

オキシトシン

ホルモンの一つで、脳の直下にある下垂体という器官から分泌される。抗ストレス作用や摂食抑制効果があるだけでなく、母親と子どもの愛情(出産や授乳など)や集団生活内の社会的行動にも関与している。鼻にオキシトシンを噴霧して自閉症の症状を改善するための臨床試験も行われている。

オフターゲット効果

ゲノム編集において、狙った場所(ターゲット)以外の場所のDNA塩基配列を変えてしまうこと。ゲノム編集では、ターゲットとなるDNA塩基配列に合わせてツールを設計するが、誤って別の配列を認識してしまうとその場所が切断されるオフターゲット効果が生じる。オフターゲット効果が生存に必要な遺伝子や病気と関係する遺伝子に起きると生体に深刻な事態を及ぼすため、最小限に抑える工夫が必要となる。CRISPR/Cas9は、他のゲノム編集の方法と比べてオフターゲット効果が起きやすいことが課題とされている。

| か |

ゲノム

その生物が持つ遺伝情報すべてのこと。ヒトであれば、約2万あるすべての遺伝子を含む、DNAの30億塩基対すべての配列を指す。「全ゲノム解析」は、その生物のすべてのDNA塩基配列を

Glossary

用語集

あ

一塩基多型（SNP）

DNAの塩基配列（A・T・G・Cという4種類の塩基による並び）のうち、個人差で一つの塩基が違う場所のこと。ヒトのDNAは全部で30億塩基対あり、ほとんどは個人間で共通しているが、そのうち300〜1000万箇所では一塩基だけ異なるという個人差があり、それをSNPと呼んでいる。SNPの中には体質や疾患リスク、薬の効き目などと関係するものもあり、個別化医療（オーダーメイド医療、テーラーメイド医療ともいう）に活用できると期待されている。

遺伝子

あらゆる生物の特徴を決めているもの。その実体はDNAであり、DNAの塩基配列をもとに作られるタンパク質が体の中で機能することで、髪の色や血液型などの特徴が作られる。外見的な特徴だけでなく、食べ物を体内で分解する消化酵素、血液中で酸素を運ぶヘモグロビンなども遺伝子の情報をもとに作られる。さらには、受精卵が細胞分裂を繰り返して体全体を作る、その前の受精段階に関わるものもあり、あらゆる生命活動の根元になっているのが遺伝子である。

遺伝子組換え食品

別の生物が持つ遺伝子を組み込ませて作った作物を含む食品のこと。日本で流通が認められているのはじゃがいも、大豆、てんさい、とうもろこし、なたね、わた、アルファルファ、パパイヤの8品目。スギ花粉の成分を含ませてスギ花粉症を緩和させるために研究開発が進んでいる「スギ花粉米」も、遺伝子組換え食品の一種である。

遺伝子発現

遺伝子からタンパク質が作られること。正確には、DNAの塩基配列をもとにRNAが作られ、RNAの塩基配列からタンパク質が合成されることを遺伝子発現という。

遺伝子変異

遺伝子となるDNAの塩基配列（A・T・G・Cという4種類の塩基による並び）に変化が起きること。一つの塩基が別の塩基に置き換わる、一つ以上の塩基が丸ごとなくなる、一つ以上の塩基が余分に入るなど、いくつかのパターンがある。遺伝子変異によっては、特に影響のないものから、病気の原因となるものまである。一つの塩基が別の塩基に置き換わることは一塩基多型（SNP）と同じだが、ある集団で1％以上の頻度で見られるものはSNP、1％未満で見られる一塩基の置換は変異と区別することが多い（5％を基準にすることもある）。

エピゲノム

DNAの塩基配列すべてをゲノムと呼ぶことに対して、ゲノムの使い方を決めている仕組みや情報全体のことをエピゲノムという。ゲノム（DNAの塩基配列）は基本的に生涯変わらないが、エピ

著者プロフィール

高橋祥子

ジーンクエスト代表取締役。2010年京都大学農学部卒業。2013年東京大学大学院農学生命科学研究科応用生命化学専攻博士課程在籍中に、遺伝子解析の研究を推進し、正しい活用を広めることを目指すジーンクエスト（https://genequest.jp/）を起業。2015年同学博士課程修了。2018年株式会社ユーグレナ執行役員就任。受賞歴に経済産業省「第二回日本ベンチャー大賞」経済産業大臣賞（女性起業家賞）、「日本バイオベンチャー大賞」日本ベンチャー学会賞など。その他科学技術・学術政策研究所「科学技術への顕著な貢献2015（ナイスステップな研究者）」、世界経済フォーラム「Young Global Leaders 2018」、フォーブス30歳未満のアジアを代表する30人「30 Under 30 Asia」、Newsweek「世界が尊敬する日本人100」に選出など。著書に『ゲノム解析は「私」の世界をどう変えるのか？』。

装幀・本文デザイン――krran　西垂水敦・市川さつき
装幀アートワーク――Q-TA
本文DTP・図版――朝日メディアインターナショナル
校正――鷗来堂
営業――岡元小夜・鈴木ちほ
進行管理――中野薫・山崎隼
編集――井上慎平
編集協力――島田祥輔

ビジネスと人生の「見え方」が一変する 生命科学的思考

2021年1月6日　第1刷発行
2021年6月26日　第4刷発行

著者―――高橋祥子

発行者―――金泉俊輔

発行所―――株式会社ニューズピックス

〒106-0032 東京都港区六本木 7-7-7 TRI-SEVEN ROPPONGI 13F

電話 03-4356-8988　※電話でのご注文はお受けしておりません。
FAX 03-6362-0600　FAXあるいは左記のサイトよりお願いいたします。

https://publishing.newspicks.com/

印刷・製本―大日本印刷株式会社

ISBN 978-4-910063-14-0
本書に関するお問い合わせは下記までお願いいたします。
np.publishing@newspicks.com

希望を灯そう。

NEWS PICKS
PUBLISHING

「失われた30年」に、
失われたのは希望でした。

今の暮らしは、悪くない。
ただもう、未来に期待はできない。
そんなうっすらとした無力感が、私たちを覆っています。

なぜか。
前の時代に生まれたシステムや価値観を、今も捨てられずに握りしめているからです。

こんな時代に立ち上がる出版社として、私たちがすべきこと。
それは「既存のシステムの中で勝ち抜くノウハウ」を発信することではありません。
錆《さ》びついたシステムは手放して、新たなシステムを試行する。
限られた椅子を奪い合うのではなく、新たな椅子を作り出す。
そんな姿勢で現実に立ち向かう人たちの言葉を私たちは「希望」と呼び、
その発信源となることをここに宣言します。

もっともらしい分析も、他人事のような評論も、もう聞き飽きました。
この困難な時代に、したたかに希望を実現していくことこそ、最高の娯楽《エンタメ》です。
私たちはそう考える著者や読者のハブとなり、時代にうねりを生み出していきます。

希望の灯を掲げましょう。
1冊の本がその種火となったなら、これほど嬉しいことはありません。

令和元年
NewsPicksパブリッシング 編集長
井上 慎平